JN156872

人と動物の関係を考える

仕切られた動物観を超えて

打越綾子 編
Ayako Uchikoshi

笠井憲雪
佐藤衆介
遠山 潤
三浦慎悟
橋川 央

ナカニシヤ出版

人と動物の関係を考える――仕切られた動物観を超えて　＊　目次

人と動物の関係を考える——仕切られた動物観を超えて

序章　人と動物の仕切られた関係を考える

成城大学法学部
打越綾子

本書の目的

この数年、不要として飼育放棄された犬や猫の殺処分問題への関心が高まり、その命を救い、新しい飼い主を探すための活動を展開する人々が増えてきました。そのなかには、もともと何十年も前から地道な保護活動をしてきた個人ボランティアの方もいれば、寄付金を集めて専門的・継続的に活動する団体もあり、さらに最近は、企業の協賛金やクラウドファンディングなどの方法を用いて多額の運営資金を確保し、自前のシェルターや保護猫カフェを通じた活動をする団体も出現しています。これらの人々は、犬や猫の命を心から大切にして努力していると思います。

とはいえ、動物の命、そして人と動物との関係を冷静に考える際には、多種多様な位置づけの動物のことを考える必要があります。それは、いわゆる愛玩動物のみにとどまりません。野生動物、動物園動物、実験動物、畜産動物……。いえ、区分の仕方を変えれば、動物の位置づけはいくらでも変わります。つまり、人間の暮らしに関わっている動物は、私たちが日常的に意識している以上に多岐にわたるのです。

しかし、動物に関わる知識や技術について、私たちは自分の関心や専門の外の問題については、つい単純化して考えてしまいます。そのくせ他の分野から自分の活動や考えについていい加減に発言されると苦々しく感じるものです。

例えば、野生動物問題に向き合っている研究者から「野生動物のことを、犬猫と同じ感覚で語られると困る」という声をよく聞きます（野生動物の関係者も、本当は動物たちの命を愛おしく思っているのは同じだと思いますが）。ほかにも、実験動物に関わる大学の先生が「同じ市民講座でも、野生動物の先生はいいなあ、市民が目を輝かして聞いていてうらやましい」とぼやいておられましたが、しかし野生動物の生態研究はフィールドワークの成果を出すのに数年、ときには数十年もかかる厳しい世界です。そして、犬や猫のために多数の市民と向き合う自治体職員の日々の苦労を、親身になって考えてくれる研究者や一般市民は多くはありません。

そこで、各分野でどんなことが問題になっているか、どんな努力を重ねているか、当事者の努力や経験について虚心坦懐に話を聞く場を設けたいと考えました。こうした趣旨で、二〇一七年三月に成城大学にて、各分野で長年の経験を積まれてきた先生方をお招きしたシンポジウムを開催した次第です。タイトルは、「人と動物の関係を考える――仕切りを超えて思考と情報をつなぐ」です。

本書は、このシンポジウムの講演録です。講演録といっても、各先生が時間切れで語りきれなかった内容を補って文章にしていただきました。また、パネルディスカッションも時間不足で、フロアから集まった多数のご質問・ご意見を活かしきれなかったので、各先生に紙面であらためてお返事をいただくことにしました。本書をお読みいただく際には、以下の「仕切られた動物観」という概念を理解していただき、そのあとは、第一章から第五章まで、興味のある分野を好きな順序で読んでいただければと思います。あるいは、パネルディスカッションから先に読んでいただくのも大いにアリです。ただし、ご自分が日常的に関心を持っている動物以外のテーマも、せめて一つくらいは、つまみ食いでもいいのでお目通しいただければ幸いです。

視野の狭い動物観

さて、先に記したとおり、多くの日本人は、多様な動物の位置づけを幅広く議論することはほとんどありません。議論するどころか、意識さえしないのが通常です。

例えば、善良な動物愛好家であれば、犬や猫などの身近な動物については、その命を絶つことを「悪」とみなします。しかし、自らの暮らしのなかで直接的に見えない動物については、その命を絶つことに無関心であるように思われます。

例えば、医療や科学の進歩によって、私たちが安全・安心で豊かな生活を享受できるようになったのも、数限りない実験動物のおかげです。犠牲になってくれた動物の苦痛に思いを馳せ、感謝と慰霊の気持ちを持ちながら、これまでの科学の進歩を無駄にせずに現在利用されている実験動物への最大の配慮を重ねていく、そのような思考回路を持っている人は、結局のところ動物実験に関わる専門家以外にはほとんどいないのではないでしょうか。動物実験の恩恵を日常的に受けているのは、私たち一般の患者や消費者なのですが、こうした問題に関心を持つ人は非常に少ないと思います。

また、現代社会において、私たち人間が動物性タンパク質を摂取しない日はほとんどありません。つまり、畜産動物は、犬や猫以上にあまねく人々にとって身近な存在、いえ、むしろ私たちの身体をつくっている存在です。肉や魚、卵や牛乳を一切食べない日はほとんどありませんし、それらを直接的に摂取していない日であっても、菓子類やパンには卵や牛乳が使われているし、加工食品の多くにはチキンエキスやラード、魚介類などが使われていることが多いはずです。その利用の数についてデータを挙げれば、日本における最近一〇年間のと畜数・食鳥処理数は、毎年平均して牛一二〇万頭、豚一六〇〇万頭、鶏六億羽です。品目別自給率（重量ベース）の肉類の食料自給率は約五五パーセントであることを考えれば、私たち日本人は、このほぼ倍の数の家畜を殺して食べていることになるのです。つまり、畜産動物たちは、どんな動物よりも大量の犠牲を、そしてどんな動物よりも直接的に命を犠牲にしてくれている存在です。にもかかわらず、畜産動物に関わる問題に関心を持つ人々はごくわずかで、犬や猫の適正飼養や殺処分問題に強い関心を持つ人々でさえ、畜産動物に関する制度や実情、経済や社会の構造的な課題に関心を持つことはほとんどありません。

仕切られた動物観

こうした状況を、私は「仕切られた動物観」と呼んでいます。この「仕切られた動物観」を構成する要素とは、「仕切られた関心」と「仕切られた専門知」の二つです。

まず、「仕切られた関心」とは、自分が関心を持つ立場の動物以外には、さほどの関心を持たないという意味です。多くの日本人の生活習慣を見ると、犬や猫への愛情を注ぐ飼い主、野生動物の保護活動に関わるＮＰＯ団体、動物園の飼育関係者、実験動物の研究者や業界関係者、畜産動物の生産者などは、それぞれ自分の活動領域のなかで動物への関心を完結させています。仕切りを超えた動物について、日常的にはほとんど意識しないか、完全に別立てのものとしてとらえています。

例えば、愛玩動物の保護活動をしている人々も、仕切りを超えた動物について意識することは少ないです。犬や猫の殺処分に強く反発する人々であっても、保護している犬や猫に投与する寄生虫の駆除薬や獣医療に用いられる薬剤が、同じ犬や猫の命を多数犠牲にした動物実験の成果物であるということを意識さえしないことが多いです。また、ペットを心から愛して大切にする飼い主も、彼らに食べさせるさまざまなフード類は、畜産動物を過酷に狭いスペースで飼育した格安の畜産物から製造されていることを考えない人が多いです。

もちろん、他の分野の人々も、仕切りを超えた先の動物の取り扱いについて深く考えることは滅多にありません。野生動物の生態を調査している専門家や実務家のなかで、実験動物の遺伝子組み換えマウスのことを議論する人はほとんどいません。畜産動物を飼育している企業や農家は、かつては同じ獣肉として珍重されていたはずの日本国内の野生鳥獣の位置づけの変化を考えることなど滅多にないことでしょう。

次に「仕切られた専門知」とは、それぞれの位置づけの動物ごとに学問体系や実務的な制度の担い手がおり、長らく蓄積されてきた専門知や技術が重要視されているという意味です。獣医学がすべての分野に関わっているのは確実ですが、しかし職業としての獣医師は、それぞれの仕切りのなかの動物の取り扱いには詳しくとも、仕切りを超えた動物の特徴や法制度については、驚くほど知識や情報を持っていません。さらに、それぞれの仕切りごとに発展してきた学問、例えば生態学や林学、動物園学、実験動物学、畜産学があり、法制度や行政の実務は、もはや厳然と区切られています。人間社会の秩序を維持するためにつくられた法制度が、その位置づけごとに異なるのは当然といえば当然ですが、それにしても相互の垣根を越えた交流はなかなかありません。そうした縦割りの専門知の構造のなかで、仕切りを超越して動物のことを語ろうとすると、乗り越えた先の関係者から「無用の混乱を引き起こす」と批判・反発を受けることになります。

このように、それぞれの動物に関わる人々は、「仕切られた動物観」のなかで議論を組み立てており、この「仕切られた動物観」に基づいて各種の法制度や価値観がつくられているといって過言ではないでしょう。

横断的な議論の登場

しかし近年、動物の権利論、動物福祉論、動物愛護論など、既存の仕切られた仕組みを超えて、動物への配慮を求める議論が高まりつつあります。少し難しくなりますが、本書のなかで、五人の先生がそれぞれ触れておられますので、以下簡単に説明しておきたいと思います。

まず、動物の権利論です。動物の権利論とは、動物は、人間の権利の客体ではなく、人間と同様に権利の主体であると位置づける議論です。つまり、動物も人間と同じように扱われるべきと主張し、人間による動物の隷属的な利用を否定します。具体的には、動物の命を犠牲にする肉食や動物実験の廃止を主張し、ペットとしての飼育や動物園での動物展示についても人間のためのエゴイスティックな監禁利用であるとして批判の対象とします。もちろん、野生動物たちの生息地を人間の利用のために開発するのも、彼らの権利の侵害として許容しません。

他方、動物福祉（アニマルウェルフェア）論（福祉という表現は、習性に応じた快適な生息環境の維持という意味です）とは、人間が動物を利用する現実を許容したうえで、しかし、動物も人間と同様に苦痛を感じる力を持っていると考えるところからスタートします。そして、動物の苦痛も、人間のそれと同様に考慮に値するとして、動物が生きている限り、合理的な必要性のない苦痛を最大限に除去すべきとするのです。また、肉体的な苦痛を除去するだけでなく、精神的な苦痛を払拭するために、その動物本来の習性や能力を尊重しようと考えます。したがって、動物福祉論は、動物の苦痛やストレスを計測する研究データや、本来の行動とはいかなるものかを観察するために、科学的、専門的な知識や判断力を求めることとなります。

最後に、動物愛護論とは、動物を愛おしむことを是とし、動物の虐待を防止し、動物の命や安寧を大切に守ろうとする議論です。もともと一九世紀のイギリスで、下流階級の人々が馬や犬を粗雑に取り扱う様子を批判して、上流階級による動物虐待防止運動が始まったのがルーツとされています。ただし日本においては、近年多くの家庭でペットが飼養されるようになり、動物を家族の一員と位置づけて大切に愛情を込めて対応することへの共感が広がりつつあり、動物愛護論とは、そうした情緒的な議論であると整理されることが多いようです。もともと日本においては、殺生禁止の文明のなかで動物の命を絶つことへの苦手意識があり、目の前の動物に愛情を注ぐ傾向（あるいは、イメージできる範囲内ではあるが、犠牲になる動物を気の毒に思う姿勢）が強いとされています。

それぞれに力点や温度差がありますが、「動物への配慮」「動物の取り扱いの改善」「動物の立場の尊重」を主張する考え方であることは共通しています。そして、これらの議論をふまえる限り、日本におけるいかなる位置づけの動物に関しても、現状の問題点が指摘されることとなります。

仕切りと超越論の軋轢

とはいえ現実には、関心も専門知も仕切られている分野ごとに動物に関わる当事者がいて、それぞれの立場に応じた利害関係や価値観、専門知識の体系を構築しています。それは、先に述べたとおりです。そのため、動物への配慮という観点から仕切りを超える横断的な思想と、縦割りに仕切られている既存の制度的な枠組みとは、さまざまな場面で軋轢を発生させています。例えば、実験動物のサルの苦痛が可哀想であるから廃止せよという声と、霊長類を用いた実験をしなければ人間の患者による臨床試験はできないという声は、堂々巡りの水掛け論を展開しているわけです。

実際のところ、動物への配慮を求める議論が人道的な内容であるとしても、その主張を展開するだけで、長い年月にわたって構築されてきた仕切りごとの状況を改善できるものではありません。たしかに、動物への配慮を主張する議論は、長期的には人々の価値観を変えていく力を持っているとはいえ、それぞれの仕切りのなかで発達してきた専門知や実務を否定しても、動物への配慮を考慮した社会を実現できるものではないのです。

そして、軋轢という点では、動物への配慮を最優先に考える言論は、異なる価値観の人々との対立を増幅する可能性があります。例えば、野生動物の保護を主張する人々は、野生動物に農作物を荒らされた農家の悔しさを実感できていない場合も多く、都市と農村の距離感を広げているかもしれません。動物実験反対とＳＮＳに書き込む人は、難病のわが子の治療方法の開発を待ちわびている両親を苛立たせているかもしれません。「動物園の動物は狭い檻の中で暮らしていて可哀想だ」と善意のつもりで発言する人は、限られた予算・施設の中で、精一杯の愛情を持って動物を飼育している人々を傷つけているかもしれません。行政に引き取られた犬の殺処分ゼロを主張する善意のボランティアや政治家の声は、必ずしも飼育が容易とは思われない犬の取り扱いをめぐって、ときに現場の自治体職員を板挟みに追いやっているかもしれません。

とはいえ、動物への配慮という価値観は、優しい人格の表れです。その優しい人格があってこそ、人と動物の共生を実現しようという動機が生まれてくるものです。そして、その優しい人格が集まってこそ、動物の習性に応じた客観的・科学的な配慮に基づく対応をしようという気運も生じます。この動物を愛する気風は、動物に限らず、社会的弱者や小さな子供への配慮など、人間社会の温かなつながりを維持するのにも有用であり、冒頭に書いたとおり、犬や猫一頭ずつの命を救おうと努力する人々の存在は、まさに「愛護の気風」「社会における弱者への配慮」という観点から、やはり貴重なものといえましょう。

おわりに

以上、動物たちの命に向き合い、そして動物への配慮のある社会を実現していくためには、まずは、私たちの視野を広げて、人と動物の関係がどれだけ多岐にわたるか知識や想像力を持つ必要があります。

そのうえで、人間同士が互いの立場を理解し、丁寧に話し合う必要があると思います。犬や猫の譲渡活動に関わる人々がいかにして行政担当者と協力して適正飼養の気風を醸成していくか、野生動物による農業被害問題を都市と農村の意識の齟齬を超えてどのように解決していくか、有限な予算のなかでいかにして生き物を扱う公共施設の運営を底上げするか、新たに発生している病気の治療方法や患者の立場をどう考えるか、毎日食する畜産物や酪農製品について生産者と消費者がどこまで情報を共有できるか、動物への配慮と人間への配慮を同時に考えていく発想が必要ではないでしょうか。

少しでも多くの人が幅広い視野に基づく丁寧な思考と議論に加わることで、仕切りを超えて、生きている動物の命に配慮できる社会が構築されていくことを心から願います。

第一章　動物を用いて、生命科学研究の実験をする

東北大学動物実験センター
笠井憲雪

はじめに

私たちは、さまざまな形で動物と接し、動物を利用して暮らしており、その接し方、利用の仕方の観点からこれらの動物を五つの区分に分類してきました。家庭（愛玩）動物、産業（家畜）動物、展示（動物園）動物、野生動物、そして実験動物です。野生動物を除く、人間の飼育下にある動物のうち、多くの産業動物とほとんどの実験動物は、その動物の寿命に至る前に人の手で殺処分されることから、非終生飼育動物として分類され、その他の動物たちは終生飼育動物とされています。この章では、非終生動物である実験動物について、一般の人々の思いを考え、適切に動物実験を行うとはどういうことなのか、日本全体としてそのためのどのような取り組みをしているか、その問題点を述べてみます。

一　実験動物と人間の関係

（一）人間との最も〝仕切られた〟関係

打越綾子教授は、人間と動物の五つの関係について、人々の関心の持ち方から「仕切られた動物観」という概念を提唱しました。それは、人々は動物の五つの区分のうち、自らが関心ある動物区分以外には関心を示さない、そしてそれぞれの区分ごとに専門知があるとするもので、前者を「仕切られた関心」、後者を「仕切られた専門知」としています。たしかに、特定の区分の動物に関心のある人々は、他の区分の動物にはあまり関心を示さず、それぞれの専門家も他の区分の専門知識はきわめて乏しい傾向があります。

このような観点から実験動物を考えてみるとき、人々の関心はどの程度でしょうか。残念ながら、人間と動物の五つの仕切られた関係のうち、実験動物は最も仕切られた存在といえるかもしれません。それは一般の人々は実験動物に簡単に接することができないことからきていると思われます。畜産動物は牧場に行けば会えるし、展示動物や家庭動物は動物園や家庭でいつでも会えます。野生動物も野山に行けば見ることもできます。しかし実験動物は大学などの研究施設の中で飼育されており、一般の人は簡単には中に入れないクローズドの世界です。人々から非常に離れた存在であり、その結果、最も関心が持たれない動物であるといえます。一方、人間が恩恵を受けているという観点からは、トップクラスであると思います。ペットを飼ったことがない人や動物園に行ったことがない人でも、誕生前から含めて一生の間に薬に世話にならない人はいません。ほとんどの薬の開発には、効能の研究や安全性の検査に、実験動物が大きく関わっています。実験動物は人々に一番関わっているけれども、一番離れたところにいる動物といえるでしょう。

（二）実験動物とは？

実験動物の定義としては、動物愛護管理法の第四一条に「動物を教育、試験研究又は生物学的製剤の製造の用その他の科学上の利用に供する場合」と書いてあります。つまり、研究・教育・科学上の理由により利用される動物が実験動物ということになります。研究者は実験動物に一定の処置を加えてその反応を観察し、その観察データをその研究者の本来の研究対象である人間や家畜に当てはめてその効果を類推するわけです。これを外挿といいますが、この一連の作業が動物実験です。

図1－1では、研究者が、実験動物のウサギやマウスを照らしていますが、しかしこれらの動物の影は、人間になっています。つまり、この研究者はこれらの実験動物からデータを得て、本来の研究目的とする人間へ外挿し、その効果を類推します。もちろん家畜の研究者の場合は、その影は牛などの家畜となり、それらの家畜への効果を類推します。つまり、動物を使ってヒトを含む他の動物の研究をするのが動物実験なのです。研究のほかに、若い外科医の手術手技のトレーニングにもブタなどの実験動物が使用されています。

図1－1　動物実験の目的の一つは、実験動物からのデータを人へ外挿することである

これらの研究や教育の実施計画については、それぞれの研究機関や教育機関が設置する動物実験倫理委員会がその目的や方法をその意義や倫理的な観点から慎重に審査したうえで、承認しています。しかし、上述のように、実験動物は非終生飼養であり、実験中には苦痛が与えられることもあり、実験が終わるとほとんどは殺処分されることから免れません。

生命科学の研究や教育には、いろいろな種類の動物が使用されています。マウスやラットのほか、サル、ビーグル犬、ウサギ、ハムスター、モルモット、スナネズミ、そしてブタ。ブタは、近年、急速に増加しています。また、珍しいスンクス（ジャコウネズミ）は親の尻尾を子がくわえ、その子の尻尾を別な子がくわえて数珠つなぎで移動するキャラバン行動で有名ですが、マウスやラットは嘔吐能力はありませんが、スンクスはこの能力があるので制吐剤の研究などに利用されています。これらの動物のうち匹数ではマウスが圧倒的に多く使用されており、実験動物全体の七〇〜八〇パーセントを占めると推定されます。

（三）実験動物は生命科学や人の健康増進に貢献している

新しい薬の開発やその安全性の検討に、実験動物を用いることは、必須の研究手段です。また、実験動物は生命科学研究の発展、人々の健康の増進に大きな貢献をしています。例えば、生命科学分野の最高の栄誉はノーベル医学生理学賞であることには、誰にも異存がないと思いますが、一九〇一年にこの賞が創設されて以来、二〇一五年までに与えられた一〇六回の受賞研究のうちで実験動物が使用されている研究は九四回、つまり八九パーセントにのぼっているとアメリカのウエブサイトAnimalResearch.Info は伝えています（図1-2）。

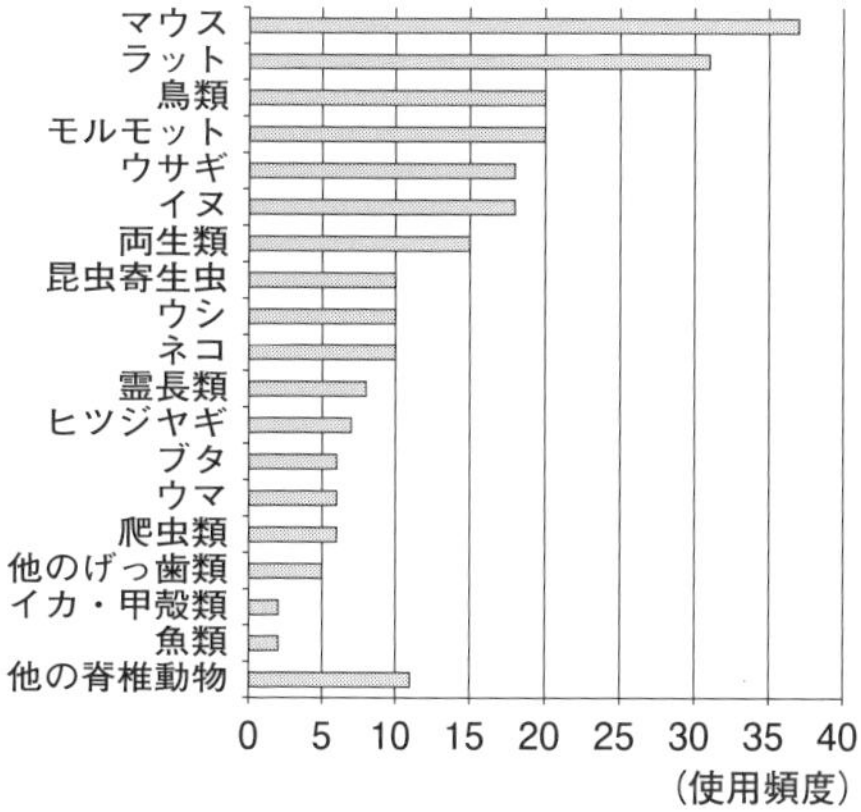

図1-2　ノーベル医学生理学賞の受賞研究において使用された実験動物と頻度

ではどんな動物が使われているのでしょうか。グラフを見ると、やはりマウス・ラットが一番多いですが、そのほかに、鳥類、モルモット、ウサギ、犬、両生類、寄生虫、昆虫、牛、霊長類など多岐にわたる動物が医学生理学研究に使われていて、素晴らしい成果を出していることがわかります。二〇一二年に受賞した山中伸弥教授によるiPS細胞の作成もマウス細胞からですし、二〇一五年に受賞した大村智教授が発見したイベルメクチンも、これは寄生虫の駆除剤で、人間にも家畜にとっても非常に重要な治療薬ですが、マウスやラットを用いて研究されたものです。さらに二〇一六年に受賞した大隅良典教授のオートファジー研究はもともとは酵母菌を用いて行われましたが、今は哺乳動物細胞を使って盛んに実験されて、その広がりでノーベル賞が授与されました。そしてこれらの研究成果が、巡りめぐって私たちの健康や、病気の治療、寿命の延長に貢献しているといえ、そこには実験動物が大きく貢献していることを理解していただけると思います。

二　人々の動物実験に対する多様な考え方

(一)　すべての人々が動物実験を支持しているわけではない

多くの人々は、実験動物の意義を理解してくれていると思いますが、しかし、すべての人々が動物実験を万々歳と支持・賛成してくれているわけではないことは、私たちも自覚しています。**図1-3**は、二〇〇九年の新聞の記事です。「化粧品に動物実験は必要？　EU代替実験へ」というタイトルが出ています。実は、この年にEU（ヨーロッパ連合）では、化粧品の開発時に動物実験をした原料の使用・流通を禁ずる指令が施行されました。この指令に基づいて各EU加盟国が法律にする仕組みです。日本の法令には直接関係ありませんが、日本の化粧品メーカーは海外に商品を輸出・販売しているため、ＥＵ市場のなかではＥＵのルールに従わないと販売できません。そのため、国内のメーカーも「困惑」し、これまでのやり方を切り替える手法を「模索」しているとの記事です。そしてこのＥＵ指令は二〇一三年に完全に施行されました。あるメーカーがホームページで「代替法に基づく安全性保証体系を確立し、これにより二〇一三年四月から開発に着手する化粧品・医薬部外品における動物実験を廃止しました」と宣言しているように、多くの国内メーカーも対応したと述べています。

一方、**図１－４**は、少し古いのですが、二〇〇三年のアメリカ・ギャラップ社の世論調査結果です。中央の棒グラフを見てください。この設問は、実験動物を医学研究に使うことを禁止することに是か非かを問うています。結果は、三五パーセントが禁止に賛成、六四パーセントが禁止に反対でした。つまり、三分の一の人々が動物実験に反対していることになります。こうした世論調査の数値はさまざまな条件で変わってくるとはいえ、少なからずの人が動物実験に反対していることを示しています。

化粧品に動物実験は必要？
EU代替実験へ
日欧で温度差
義務課す国内　困惑
人の皮膚の細胞を培養してつくる人工皮膚組織「エピスキン」のキット＝日本ロレアル提供
日本　切り替え模索

図１－３　EUにおける化粧品開発での動物実験使用の禁止（『朝日新聞』2009年4月24日）

（二）動物実験に対する多様な考え方

ここで示した事柄は、人々の動物実験に対する考え方が多様であることを示しています。

人間はもともと動物を利用して生きています。昔は日本も田畑を耕すことに牛や馬を使っていましたし（使役）、すき焼きやステーキとして肉を食べています。競馬などの娯楽にも使っています。動物実験は利用法の一つであって、必須の研究手段であり、使って当然だという議論もあり、実際、人類のために大いに貢献しています。しかし一方、「実験動物は苦しがっているし、最後は殺されて可哀想だ、たくさんの動物が犠牲になっているが、これらは本当に有用なのか、安全性が確かめられたといっても薬害は起きている」との意見があり、さらには「動物にも命があるからには道徳的に配慮されるべき。動物だって、人権と同様の動物権を持っている」という考えもあります。こういうなかで、私たちは動物実験をやらなければなりません。

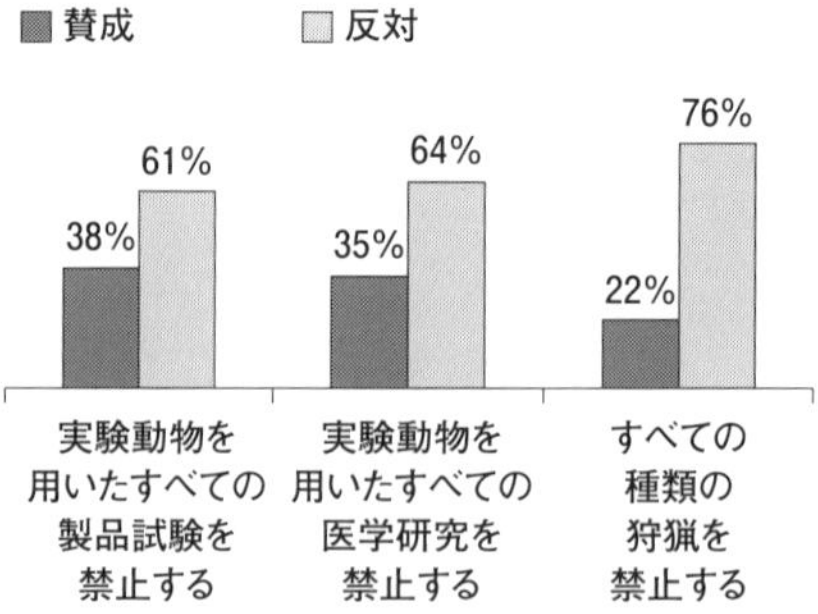

図１－４　アメリカにおける実験動物使用可否についての世論調査（2003年ギャロップ調査）

三　適切な動物実験とは？

では、どうすれば社会に理解してもらえるのか、その方法を考えねばなりません。最も重要なことは、研究者が適切な動物実験をするということです。これを実現する要件として次の事柄が考えられ

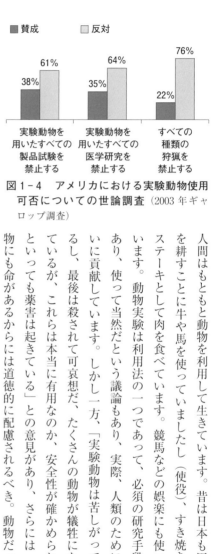

ます。

第一には、自然科学研究に共通する要件、すなわちその研究の目的と意義が明確で普遍性があるか、そして用いる実験操作が科学的で、得られた結果に再現性があるか、こうしたことが求められます。第二には、動物実験に特有な要件、すなわち生きている動物への配慮が求められます。この配慮には動物に実験処置を行うときの配慮、すなわち「3Rの実践」（後述）と、動物が実験処置を施されるまでと実験処置後の配慮、すなわち「動物福祉への配慮」と、種々の法規や、指針、規程をしっかり守ること、つまりコンプライアンスが求められます。以下では、第一の自然科学研究に共通する要件、特に動物実験結果の再現性について考えてみます。

（一）動物実験結果の再現性を得るための先人の努力

科学研究で最も大切な事柄に、〝結果の再現性〟があります（図1－5）。ある研究者が素晴らしい結果を発表しても、別の研究者がそれを再現できなければ、誰にも信用されません。例えば化学実験を考えると、純粋な試薬を用いて、できるだけ単純な反応系を使い、自分が見たい要因のみを変化させて、その結果を精密な機器を用いて測定すると、再現性の良い結果が得られます。しかし、動物実験は、反応系のところに動物が用いられます。動物は、多種類の臓器を持ち、例えば肝臓には多様な酵素があり、投与物質に対して複雑な反応を起こします。また、自分が見たい要因のみを変化させても、他の要因との相互反応を起こし、さらに動物の個体差やコンディション次第でデータが変わって

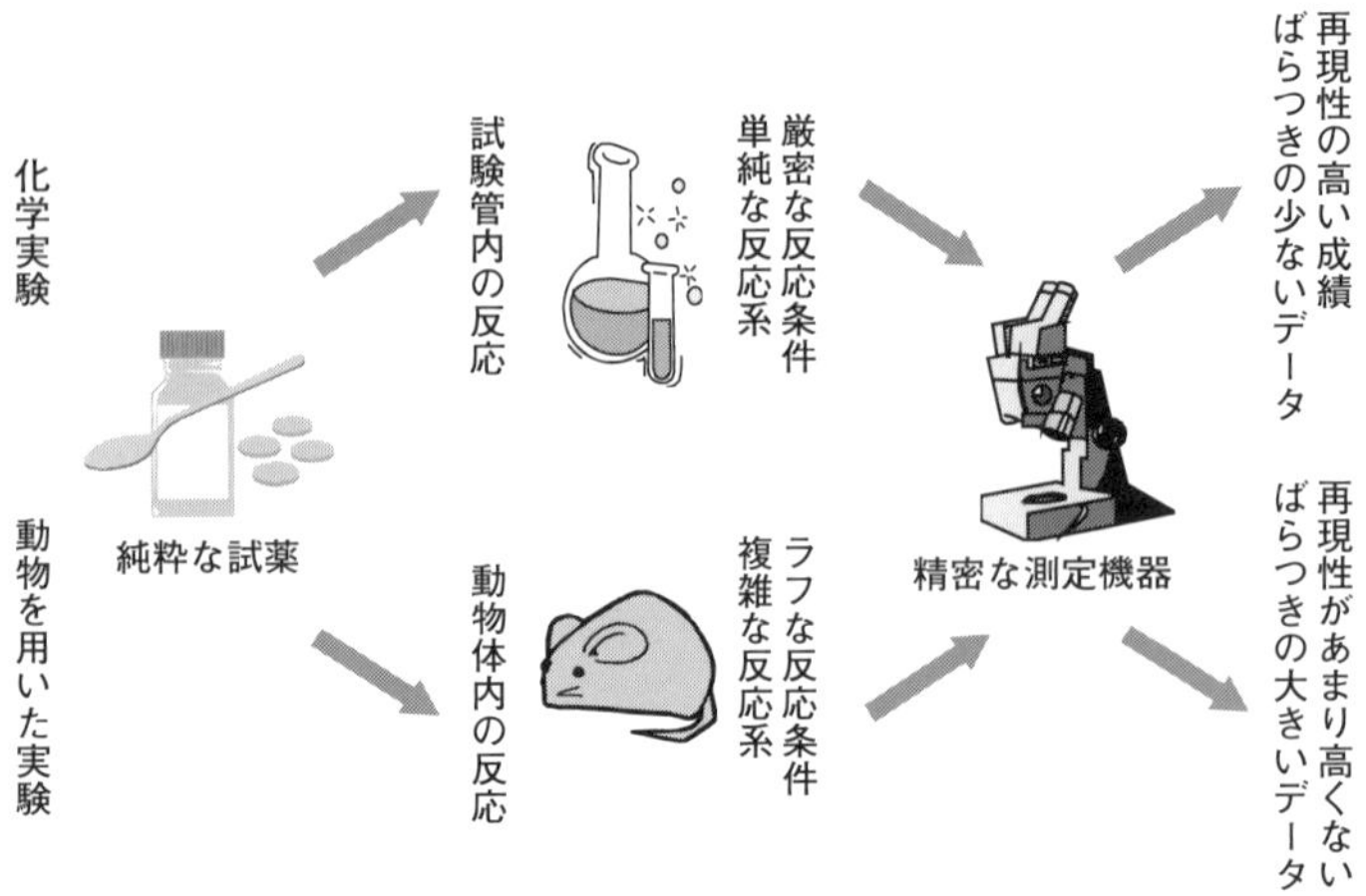

図1－5　動物実験における困難な再現性

しまいます。つまり、動物実験の宿命として、得られる結果はバラツキの大きい、再現性の低いものになってしまいます。

　しかし、この宿命に対処するために先達の研究者たちは、長年、動物個体間の反応を一定にしようと努力してきました。それらの要素のうち重要な四つを紹介します。それは、遺伝的影響の抑制、均一な実験・飼育環境の確保、感染症の抑制そして動物への倫理的福祉的配慮です。

（一）遺伝的影響を抑える——近交系動物の作出

　同じ両親から生まれた兄弟姉妹でも、その外観や行動様式などは大きく異なりますが、一卵性の双児の間では、それらが酷似しています。この主な原因は、一卵性双児間の遺伝子がほとんど同じためと考えられます。このように遺伝子が同じ動物をたくさん揃えることができると、動物個体間の遺伝の違いから生じる差異が減り、実験処置への反応のバラツキが減り、信頼性の高い実験結果が得られます。そうした発想からつくられたのが「近交系動物」です。

　この動物の国際的な定義は、「兄妹交配を二〇代以上継続している系統」ということです（図1-6）。ほかに親子交配法もありますが、こちらはほとんど使用されていません。マウスやラットは多産で、一腹から一〇～二〇匹の子を産みます。そして同一両親から生まれた子供のなかのオスとメスを交配し、それらの子供のオスとメスをさらに交配する、すなわち近親交配を二〇回繰り返すと近交系動物となります。これらの個体間では、オス・メスという性別の差以外は九九・九パーセント以上の遺伝子が同じになります。その結果、同じ近交系の個体を用いると遺伝性による個体間のデータのバラツキを抑えられることになり、結果の再現性が大きく向上します。

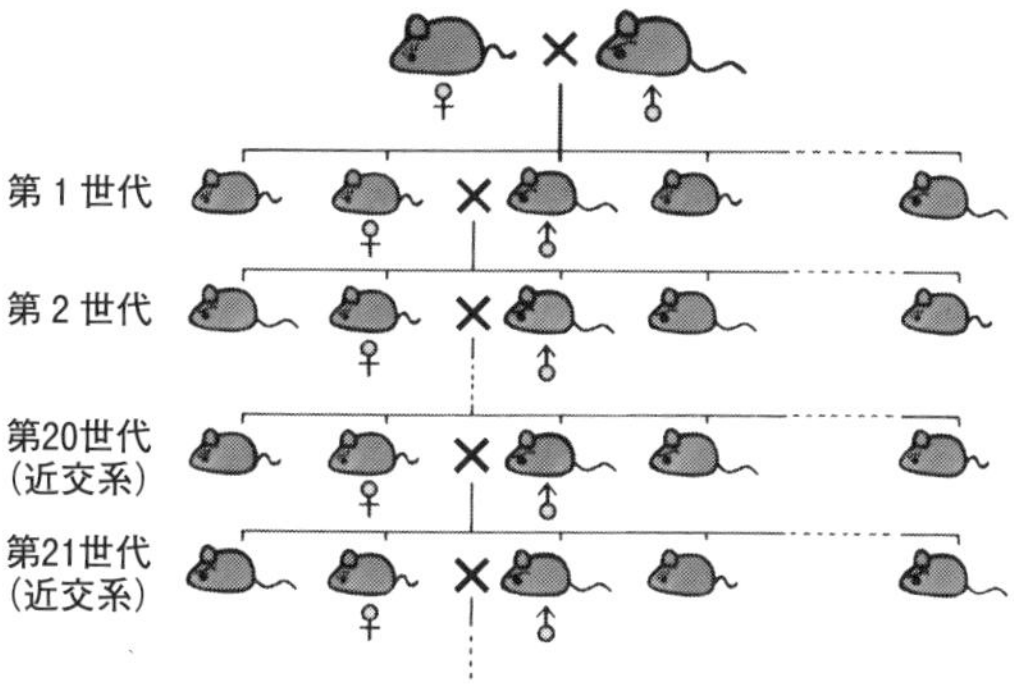

図1-6　近交系動物の作製法（兄妹交配法）

　このような近交系動物は、現在のところマウスとラットのみでつくられています。そしてB6（C57BL/6）という黒毛マウス（写真1-1）は、遺伝子を人為的に操作してつくりだす「遺伝子改変マウス」を作成する際に世界中で一番よく使われる近交系です。この系統を使うと、他の研究者もこの系統を使っているので、動物個体間の違いを考える必要がありません。マウスやラット以外の哺乳動物では、このような形で交配を続けると、数世代で病的な潜性（劣性）遺伝子が現れたり、生殖能力が消失して継代ができなくなり、上記の定義による近交系動物は作成できません。

一方、マウスやラットでは、自然遺伝突然変異を起こし生命科学研究にとって有用な性質を獲得した動物も多く使用されています。突然変異で毛のないヌードマウス（**写真1－2**）は、同時に胸腺を

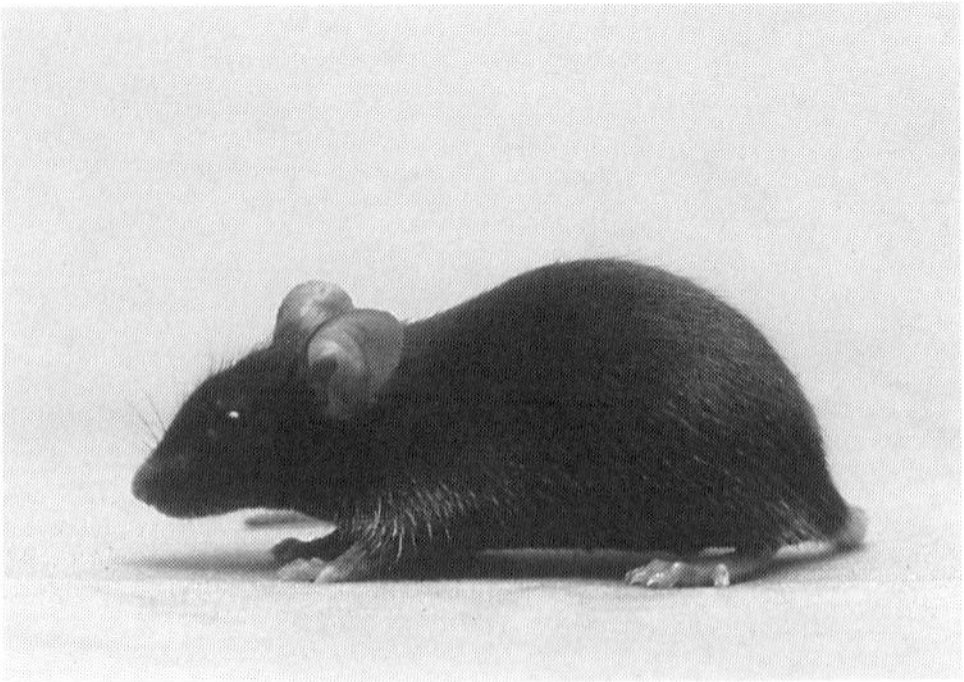

写真1－1　近交系B6（正式名称 C57BL/6）（日本エスエルシー株式会社提供）

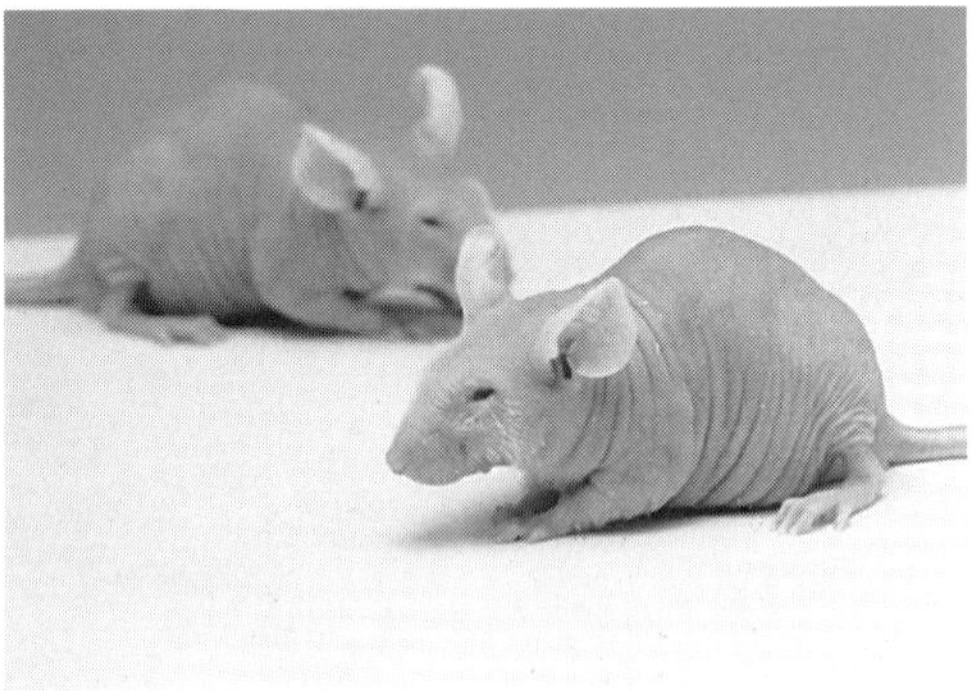

写真1－2　ミュータント系ヌードマウス（日本エスエルシー株式会社提供）

生まれつき持たない変異を起こしているので、この臓器が持つ免疫付与能力も欠如しているためにヒトのガン細胞を移植しても拒絶せずに受け入れて細胞が成長するため、ガンそのものの研究や抗ガン剤の開発などの研究にたくさん使用されています。（免疫不全）、移植された臓器を拒絶する能力（拒絶反応）も欠如しています。このため、例えばヒト

なお、マウスやラットは、繁殖が容易で産子数も多いために、実験動物として最も多く使用されている哺乳動物です。

（三）均一な実験飼育環境の確保

二つ目は、均一な実験・飼育環境を確保することです。世界中の実験室や動物飼育室の環境を一定にすることで、環境が動物の生理に与える影響も均一にすることができます。これにも国際的な指針が定められており、例えばマウスやラットの場合は、飼育室を温度は一日二四時間、一年三六五日、つねに二三度プラスマイナス三度以内、湿度は五〇パーセントプラスマイナス二〇パーセント以内に保つこと。換気も大切で、一時間あたり一〇～一五回行い、臭気もアンモニア濃度で二〇ｐｐｍ以下に減らす、明るさも一五〇～三〇〇ルックスにコントロールするなどと示されています。このような環境条件を研究者に提供しているのが動物実験施設です（**写真1－3**）。ただ、実験施設の環境を厳密に制御するには、膨大なエネルギーと多大な経費が必要です。ですから動物実験をするためには、たくさんの研究費を必要とするのです。

写真1－3　動物実験施設（東北大学。マウスをはじめ10種類ほどの実験動物が飼育されている。均一な環境を提供するために、1日24時間、1年365日、休みなく空調設備が稼働している）

（四）感染症を予防する——ＳＰＦ動物の作出

三つ目は、感染症対策です。もちろん実験動物も細菌やウイルス、寄生虫などの感染症に罹ります。感染症に罹ると発熱したり、場合によっては死に至ります。このような動物を使用して出した実験データは、まったく役に立ちません。そこで、極力感染症を防ぐために作成されたのがＳＰＦ動物です。ＳＰＦ（Specific Pathogen Free）というのは対象の実験動物が感染すると重篤な疾患を起こす特定の病原体が存在しないことが証明されている状態をいい、そのような状態にある動物をＳＰＦ動物といいます。

妊娠した動物の子宮の中は無菌状態ですので、そこで胎児は守られています。そして誕生する直前に子宮ごと帝王切開で取り出すと無菌の胎児が得られ、無菌環境の箱の中で育てると無菌動物ができ、どんな感染症にも罹りません。しかし、マウスのような実験動物の何万匹を何年もこの状態で維持するのはほとんど不可能です。そこで、無菌動物をバリア室と呼ばれる十分にクリーンな環境の飼育室に移し、飼育機材も特殊な装置を使って滅菌し、研究者も飼育技術者も病原体が入らないように極力注意しながら飼育し（**写真1－4**）、本当に特定の病原体に感染していないかを定期的にチェックし

（微生物モニタリング）、感染がないことを確認されている動物がＳＰＦ動物です。このＳＰＦ状態を維持するには、動物が他の研究機関から導入されるときに検疫を行うことも重要です。

ＳＰＦ動物が普及する以前は、多くの実験動物は感染症に罹患し、発熱や痩せるなどの症状が出たり、死亡したりしたため、実験にはたくさんの動物を使用しました。現在ではこうした努力によって、動物の使用数を減らすことにも大きく貢献し、何よりも動物実験のデータの再現性は飛躍的に向上しました。

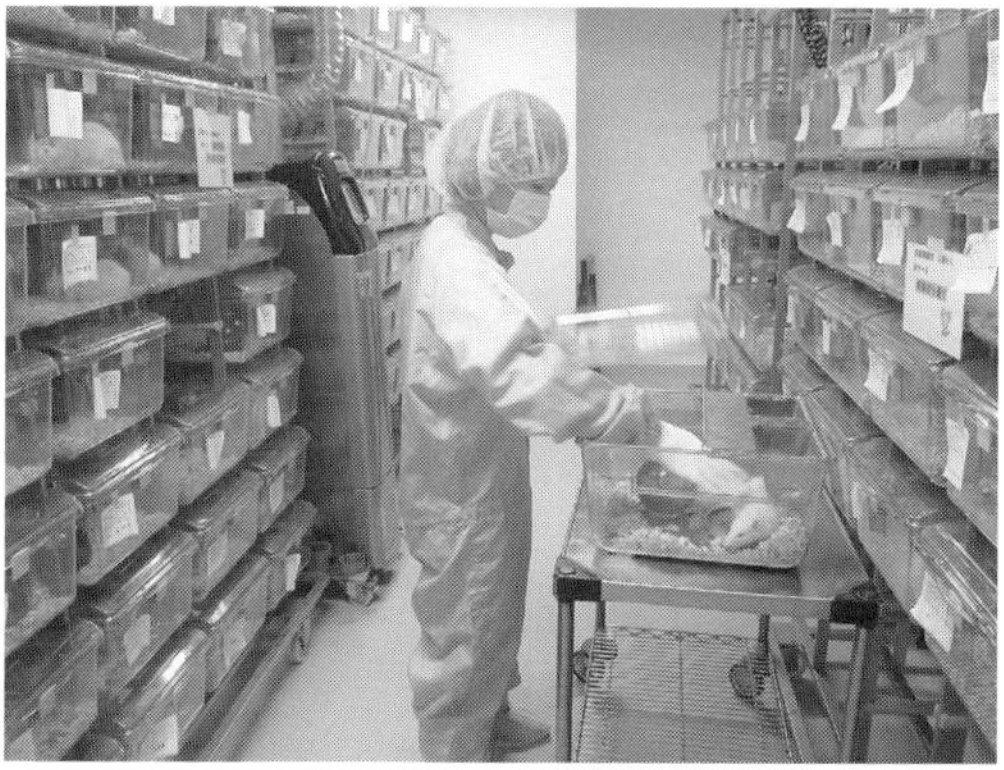

写真１－４　SPF ラットの飼育室（無菌空気を供給する個別換気装置のついたケージを使用）

四　実験動物への倫理的、福祉的配慮

さて、前節で述べた研究者が適切な動物実験を実現するための第二の「動物実験に特有な要件」ですが、それは動物実験に使用される動物が生きているときの配慮、すなわち実験動物への倫理的、福祉的配慮です。この配慮はデータの再現性の向上や、動物実験のあり方の改善、そして研究者の倫理的向上をもたらします。

動物実験の倫理的な向上をはかるためには、研究者や飼育技術者など関係者のさまざまな取り組みが求められます。しかし読者の皆さんに理解してもらうために、実験動物への二つの配慮に絞って研究者や飼育技術者の取り組みを紹介します。それは、実験動物が生きて生活しているときの福祉への配慮と動物実験を実施するときの倫理的な配慮です。

(一) 生きているときの動物の福祉とは

動物福祉とは、人間がその動物の幸福のあり方を考え、配慮することです。もちろん、動物が幸福であると感じるためには、その動物が生きていなければなりません。しかし、実験終了後にはほとんどの実験動物は処分されます。ですから、私たちは、動物が実験に供されるまで、さらに実験後にその動物が生かされ、観察されている期間に、十分な福祉的な配慮が必要であると考えています。

その方法としては、外部から連れてこられた実験動物を、その新しい環境に十分に慣らし(順化)、その動物にとって快適でストレスの少ない、かつ豊かな、しかし適度な刺激のある環境を提供することです。これは環境エンリッチメントと呼ばれています。少し難しくいうと、動物の種特異的な欲求に基づいた自然の行動を助長し、生活の質を改善するために、狭い空間で生活している動物の環境をより良くすることです(写真1-5、1-6)。

なぜエンリッチメントが必要でしょうか? それは、エンリッチメントによって飼育環境からの恐怖やストレスを少しでも減らし、生き生きとした適応力のある動物にすることができ、さらには単に動物福祉を改善するのみではなく、その動物を用いる研究者の心の安寧ややすらぎをも招く効果もあ

写真１－５　マウスはケージの中に置かれたシェルターに好んで住む

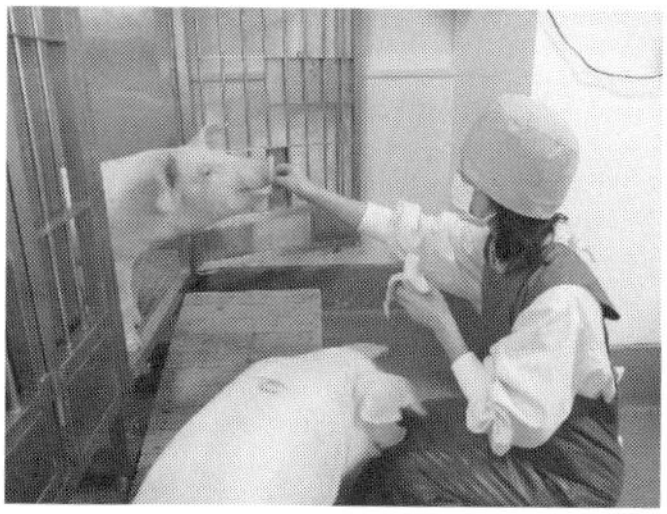

写真１－６　人に慣れにくい豚を順化する

ります。また、信頼のおける再現性の高い実験結果が得られることも証明されています。

この動物福祉の考え方は欧米から導入されたものですが、一方、日本には古来から殺した動物を慰霊する考え方や習慣があります。もちろんこれは尊い習慣ですが、死後に動物慰霊祭をすれば生前には何をやっても免罪されるとの考えがもしあるとすれば、それはあやまりです。慰霊祭の習慣はなくとも、生前の福祉を重視する欧米の考え方が理にかなっているように思われます。

私たちは、二〇一五年に児童生徒や一般の人々へ向けて児童文学作家の太田京子氏の執筆により『ありがとう実験動物』（岩崎書店）という本を出版しました。ここには東北大学での実験動物福祉の積極的な取り組みが詳しく描かれています。興味があればぜひこの機会に読んでみてください。

（二）動物実験の倫理とは

では、研究者が動物に実験処置をするときには、どのような配慮が必要でしょうか。これには、国際的にシンプルな概念が提唱されてい

写真1－7　ウイリアム・ラッセル博士（右）とレックス・バーチ博士（左）（1995年5月撮影、Balls 2008から引用）

ます。それは、イギリスの生命科学者であったラッセル教授とバーチ博士が、一九五九年に発行した「人道的な実験技術の原理」で述べた3Rという概念です（**写真1－7**）。Replacement（置き換え）、Reduction（削減）、Refinement（苦痛軽減）の三つの単語の頭文字をとって3Rと呼んでいますが、それぞれ「動物を用いない実験への置き換えあるいは下等な動物への置き換え」「使用する動物の削減」そして「洗練された実験手技の使用と痛みの軽減」を意味しています。これは研究者が研究計画を立てるときには、まず動物を用いなくても望む結果を得ることが可能か否かを考えること、動物を使用する場合でも統計学に基づいた必要最小限の動物数を用いること、そして麻酔薬や鎮痛剤、安楽死法を用いて動物へ与える苦痛を最小限にすることです。この概念は、世界各国の動物実験に関する規則に取り入れられており、日本でも二〇〇五（平成17）年に改正された「動物の愛護及び管理に関する法律（動物愛護管理法）」（第四一条）に取り入れられました。

五　動物実験における苦痛とその軽減

前節で述べた3Rのうち、実際に動物実験を実施するときに重要なことは、"Refinement"すなわち実験動物が被る苦痛をいかに軽減させるかです。このためにはいくつかのステップをとる必要があります。まず私たちは動物の苦痛をどう認識すべきか、そしてその苦痛をどう評価するか、その苦痛の軽減に適切な麻酔薬や鎮痛薬はどれか、もしどうしても苦痛から逃れられないときは安楽死を選択すべきか否か。これらについて、考えてみましょう。

（一）人と動物の苦痛

さて、**写真1－8**をご覧ください。ここに四種類の健康な動物がいます。とはいっても左端は人間の大人ですし、二番目も人間の赤ちゃんです。三番目は、皆さんもご家庭で飼育しているペットとしてのビーグル犬、そして右端は、実験動物のスナネズミとブタです。これらのヒトや動物を被験者として医学研究をするために研究者がすべき基本的な倫理的配慮について、共通する配慮と異なる配慮は何でしょうか。

明らかに異なる点は、その医学研究に対する被験者の理解力です。研究者は、対象とする被験者に実験内容を十分に説明し同意をとる、すなわちインフォームド・コンセントを得る必要があります。

写真1－8　医学研究の被験者たち（動物写真は日本エスエルシー株式会社提供）

しかし、その説明を理解し、インフォームド・コンセントを与えることのできる被験者は、ここでは唯一人間の大人のみです。説明を理解できない人間の赤ちゃんは、親権者などの代諾者からインフォームド・コンセントをとる必要があります。実はペットのビーグル犬の場合も人間の赤ちゃんと同様に、飼い主を代諾者としてインフォームド・コンセントをとります。では、実験動物のスナネズミはどうでしょうか。実験動物はほとんどの場合、飼い主は実験をしようとする研究者です。ですからインフォームド・コンセントをとる必要はなくなってしまいます。もちろんすべての場合で、それぞれの研究機関の人または動物実験の倫理委員会の承認をとる必要があります。

では、倫理的配慮を考えるうえで共通する点は何でしょうか。それは痛みに対する感覚です。先に挙げた四種類の動物のうちでは、何となく人間の大人が痛みを最も強く感じているのではないかと思うかもしれません。それは痛みを訴える力が大きいせいかもしれません。体の熱を測る体温計のように、科学的で客観的に痛みを測る〝痛み計〟なるものは存在しません。ですから世界中の研究者のコンセンサスとして、科学的な証拠がない限り「動物の痛み感覚は、人のそれと同じである」としています。そうすると、動物へ施すある実験処置の苦痛の程度は、もしその処置が研究者本人に施された場合にどのような苦痛を感じるかを推測することにより、その動物の苦痛を類推することができます。つまり同じ注射をした場合、痛みの感じ方は人間もネズミも同じだと考えて、軽減措置をとることが重要なポイントです。

（二）痛みの評価と人道的エンドポイント

次に動物実験の計画を立てる段階で考えるべきことは、予定している実験処置が、動物に与える痛みを評価することです。日本の多くの研究機関では評価の目安となる基準に、アメリカの「動物福祉のための科学者センター（ＳＣＡＷ）」が示した苦痛度分類を用いています。これはいろいろな実験処置による苦痛を五段階のカテゴリー（苦痛の軽度のＡから最大の苦痛を示すＥまで）に分けて示しており、研究者は予定している実験処置がどのカテゴリーに相当するか、そしてそのときにとるべき苦痛軽減法は何かを考える基準にします。さらに多くの研究機関では、動物実験計画書を審査する際に研究者の苦痛度判断を求めており、この的確な判断が、動物への苦痛を減らす処置につながると考えています。

動物実験処置の方法には、外科手術など大規模な侵襲性をともない、どうしても回復の余地がなく苦痛を軽減できない場合もあります。このような場合に研究者に求められることは、適切なタイミングで安楽死処置をとることです。安楽死処置は、動物を大きな苦痛から解放する一つの手段です。そして、高い苦痛を与える実験を計画している研究者は、計画段階で安楽死を施すタイミング（人道的エンドポイント）を示すことが求められます。動物実験は安楽死処置をもって終了することを原則としており、死ぬまで観察を続けるような実験法は行ってはならないとされています。

(三) 麻酔法と鎮痛法

実験処置により動物がこうむる苦痛を軽減する方法で、最も重要なものは麻酔法、鎮痛法そして安楽死法です。ここで手術をともなう一般的な実験処置法での苦痛軽減法を施すステップを見てみましょう。

まず実験動物の術前管理を行います。動物の状態の把握を行い、麻酔や手術に耐えうるのかなどを判断します。そして手術中の嘔吐による誤嚥による窒息や肺炎を防止するために半日ほどの絶食処置を施します。マウスやラットは嘔吐しませんので、この処置は不要です。また場合によっては術後の病原体の感染を防ぐために抗生物質の投与を行います。

次に、麻酔をかける前に麻酔による副作用の軽減や動物の興奮を防止する薬品、さらに痛みが起こる前にあらかじめ鎮痛薬を投与することもあります（麻酔前処置）。そして麻酔をかけます（麻酔導入）。小型動物では直接麻酔薬を投与しますが、大型動物では、まず鎮静薬を投与し、手術台に乗せ、気管挿管を行い、そのあとに麻酔薬を投与することが一般的です。麻酔が導入されると、それを必要な時間、維持しなければなりません（麻酔維持）。

麻酔薬には注射麻酔薬とガス状の吸入麻酔薬がありますが、一剤で麻酔に必要とする三要素（鎮痛作用、意識消失作用、筋弛緩作用）を持つものは少なく、このため二種類または三種類の薬剤を混合投与したり逐次投与します。麻酔を長時間、例えば数時間にわたり維持するためには、注射麻酔薬よりも吸入麻酔薬のほうが管理しやすく、多く用いられています。

手術処置が終わると、動物は覚醒させられます。そのあとに始まるのが術後管理であり、最も重要なのは、疼痛管理です。慎重に動物の全身状態を観察しながら、適切な鎮痛薬を投与し、食欲や元気回復をはかります。

(四) 安楽死法

実験の最後の段階や、苦痛が激しくその軽減法がない場合に、その苦痛から解放するために、安楽死処置を施します。

安楽死法には薬物を用いる方法と物理的に行う方法があります。前者として最も効果的な方法は、麻酔作用のある薬物、ペントバルビタールの静脈内または腹腔内投与です。この薬物は、強い睡眠作用があり、その後呼吸抑制および心臓血管系の抑制が起こり、動物は速やかに死に至ります。また炭酸ガス法は、動物を入れたチャンバー（箱）内にガスを徐々に注入することにより、最初に麻酔がかかり、その後酸素が欠乏することにより安楽死に至ります。そのほかに、吸入麻酔薬の過剰投与や、深麻酔下での塩化カリュウム飽和溶液の静脈内投与法があります。

一方、物理的な方法は、瞬時に意識を消失させ、呼吸や心臓を停止させる必要があります。この方法にはマウスやラットなどの小動物のみに適用できる頸椎脱臼法と断頭法があります。

動物の死について、少し考えてみます。動物は、私たち人間のように死の概念を持たないと考えられています。人間は、死がもたらす家族や友人との永遠の別れや、自分の将来の夢の挫折、死の過程での肉体的な苦痛を認識したときの恐怖や悲しみはきわめて大きく、死への強い忌避感情を持ちます。しかし、動物は永遠の別れや夢の挫折に対しては、苦痛や恐怖を感じないと思われ、おそらく人に比較して悲しみの程度は、非常に小さいといえます。ですから、筆者は学生や初心の研究者に、死の概念を持つ人と持たない動物の、それぞれの死というものを同一に考えるべきではない、と話しています。ただ、死の過程での肉体的な痛みは人間と同じように感じていますので、十分な痛み除去の処置が必須です。

六　日本の動物実験の自主管理・機関管理方式の仕組みと問題点

これまで見てきましたように、動物実験には種々の法規や指針、規程などのルールがあります。これらのルールを研究者や実験動物の飼育技術者がしっかり守り、適切な動物実験がなされているかを保証しなければなりません。日本ではどのような管理が行われているのでしょうか。この節では、現在実施されている管理法を紹介するとともに、その問題点を考えてみます。

(二)動物実験などの管理方式

国際的視点で動物実験の管理の仕方を見てみますと、大きく分けて二つの方式があるといわれています。アメリカを代表とする自主管理方式とイギリスを代表とする法規制方式です。アメリカでは研究者の所属する研究機関が動物実験を管理します。各研究機関は、動物実験に関する委員会(IACUC：動物の福祉と使用に関する研究機関内委員会)を設置し、研究者を教育し、研究計画書を審査し、その実験方法の監視を行っています。さらに、各研究機関が適切にこれらの管理を行うために、アメリカ研究協議会(National Research Council)が詳細な動物実験に関するガイドラインを作成し、国際実験動物ケア評価認証協会(AAALAC International＝The Association for Assesment and Accreditation of Laboratory Animal Care International)が、各研究機関がこのガイドラインに適合しているかを認証するシステムを構築しています。

一方、イギリスでは、動物実験は法律(The Animals (Scientific Procedures) Act 1986)で規定され、政府組織の内務省で運用されています。そして実験場所や実験計画、実験者は資格、ライセンスが必要であり、動物実験計画書は内務省によって審査され、管理されます。

日本は、研究者の所属する研究機関が動物実験を管理するというアメリカの自主管理方式に近い方法で管理しています。研究機関が管理するという意味で機関管理方式とも称しています。基準となるルールは、動物愛護管理法の下で「実験動物の飼養及び保管並びに苦痛の軽減に関する基準（環境省告示）」、日本学術会議が策定した「動物実験の適正な実施に向けたガイドライン」および政府の三省（文部科学省、厚生労働省、農林水産省）がそれぞれ告示した「動物実験の実施に関する基本指針」、そしてそれぞれの研究機関が制定した「動物実験に関する規程」です。

文部科学省傘下にある大学や研究機関は、同省が二〇〇六年に大学などの研究機関に出した告示（研究機関等における動物実験等の実施に関する基本指針）に基づいて、体制の整備を行いました。そのポイントは、まず研究機関における動物実験に関する最終責任者は、機関の長、大学では学長である、と明確にしました。その下で各研究機関は動物実験規程を制定し、動物実験委員会を設置します。そして研究者への教育訓練などの実施、動物実験計画の審査・承認、動物実験実施結果の把握、基本指針へ適合しているかの自己点検・評価および外部検証の実施、そして情報公開を行うことです。これらの内容は、厚生労働省と農林水産省が告示した基本指針でもほぼ同じです。

(二) なぜ自主管理（機関管理）方式か？

では、なぜ日本は自主管理方式をとったのでしょう。日本学術会議の提言（二〇〇四年）および動物実験ガイドライン（二〇〇六年）には次のように書かれています。

これまでの法律（動物愛護法、一九七三年）、文科省通知（一九八七年）のきめ細かな運用により、自由闊達で創造性豊かな科学研究を行うことが可能になり、わが国の医学、生命科学は、国際的にも目覚しい発展を遂げた。従って生命科学を推進するには、その必要性を最もよく理解している研究者が責任をもって動物実験等を自主的に規制することが望ましいと考える。法令によらない動物実験等の自主管理は北米型ともいわれるが、わが国は日本の土壌に根ざした管理体制の樹立を目指すべきであり、それによって、動物実験等が社会的理解の下で適正に進められ、生命科学研究の発展に寄与することを願う。

当時の問題点として、日本学術会議の提言は次のように述べています。「全国的に統一された動物実験ガイドラインを持たない現在の規制方式は、日本に動物実験の規則がないという誤解を国内外から招く」。そして、各研究機関による自主管理の客観性と透明性を担保する仕組みがない点を挙げ、そのためわが国に統一ガイドラインを制定し、研究機関の自主管理を第三者的立場から評価する機構の設置を提言しています。そして日本学術会議は動物実験ガイドライン（二〇〇六年）を発表しました。

(三) わが国の自主管理方式は機能しているか？

日本の自主・機関管理方式が導入されてから一〇年が経過しました。現在、この方式は機能しているのでしょうか。多くの研究機関では真剣な取り組みの結果、機能しているといえますが、わが国全体を見渡したときには、残念ながら十分に機能しているといえないところも多くあります。まだまだ多くの問題を抱えているのが現実です。

　最大の問題は、わが国で動物実験を実施しているすべての研究機関が把握されていない、ということです。ですから一〇〇パーセント機能しているか否か定かでない、というのが実情です。

　原因の一つは縦割り行政といわれる日本の行政のあり方にあると思われます。先に述べたように日本には行政府から三つの動物実験に関する基本指針が告示されています。それぞれの省庁の下にある研究機関はこの指針に従う義務があり、大学や国立の研究機関、大手製薬会社などの研究所、実験動物を生産している大手ブリーダーなどは、これら指針に求められる体制を構築し、適正な動物実験の実施に努力しています。しかし、指針告示から一〇年経過した現時点でも、各監督官庁がこれらの研究機関すべてを把握しているわけではないこと、さらに問題なのは、総理府や法務省など三省庁の監督の下にない研究機関には、従うべき基本指針がなく、どのような対応をとるべきかの十分な情報も伝わっていないことがあります。

　また、三つの基本指針はいずれも外部機関による検証・認証を求めていますが、現在日本には、それぞれの基本指針ごとの第三者検証・認証機構がつくられており、検証・認証方法もまちまちです。そして国際的な認証機関である国際実験動物ケア評価認証協会（AAALAC International）も含めて日本では四つの検証・認証機関が入り乱れてそれぞれの方法で検証・認証を行っており、外部からはきわめてわかりにくい状況になっています。

　こういった状況を懸念して、「基本指針と動物実験を監督する国の行政機関を一本化して、わが国のすべての動物実験を一元的に管理すべきである」という意見が多方面から上がっており、さらには「すべての動物実験を実施している研究機関を把握するためには、研究機関を行政機関への届出制ないし登録制にすべきである」という意見が動物実験反対グループを中心に出されていますが、もし現行の制度がこれらの問題に対処できないのであれば、後者の意見にも耳を傾ける必要が出てくるかもしれません。

さらに、動物実験と実験動物を自主管理するためには、管理する人の資格や能力は重要な要素です。二〇一二年に国際医学科学協会（ＣＩＯＭＳ）と国際実験動物科学協会（ＩＣＬＡＳ）から出された「医学生物学領域の動物実験に関する国際原則」では、「動物の福祉とケアおよび使用は訓練と経験を積んだ獣医師や科学者の下で行うべきである」として獣医師や経験豊かな科学者による獣医学的ケアの重要性を強調しています。また、アメリカの動物実験に関する詳細な指針では全五章のうち一章を獣医学的ケアに充てており、獣医師の権限と責任や獣医師の権限の一部を担う経験豊かな科学者について明確に規定されています。

しかし、日本では動物実験に関する法規や指針のどこにも、獣医学的ケアという文言はもちろん獣医師や飼育技術者の必要性についてはまったく書かれていません。つまり日本の研究機関は、動物実験施設に獣医師や飼育技術者を配置する義務はないのです。先に述べましたように、日本学術会議は「生命科学を推進するには、その必要性を最もよく理解している研究者が責任をもって動物実験等を自主的に規制することが望ましい」と述べていますが、これは研究者のみで自主規制をするようにとれ、実際、現行制度はそのようになっています。これでは適切な動物実験の管理は不可能であり、実験動物の健康保全、人と動物の共通感染症の防止、さらに苦痛の軽減に関わる麻酔や鎮痛、安楽死処置などの施行には、これらの専門知識を持つ獣医師の配置は欠かせません。そのためには、動物実験に関する規定や指針などのすべてのルールに獣医師や飼育技術者の配置やその資格などについてもしっかりと明記すべきですし、このことにより動物実験における3Rの推進（代替法の採用、使用数の削減、苦痛の軽減の実効性確保の検討）がはかられ、さらに動物福祉も進展し、社会の人々の動物実験への理解も深まるものと確信しています。

（四）実験動物をめぐる論争

動物実験に対しては、第二節で述べたように、一般市民の間には多様な考え方があります。また動物愛護運動を行っている人々のなかにも、動物実験反対、動物実験廃止を唱え、運動を行っているグループもあります。彼らの言葉に耳を傾けると、実験動物の福祉についてはなるほどと理にかなった主張もあります。

打越綾子教授は書著のなかで、「科学の発展を目指す研究者団体と動物福祉を目指す一部動物愛護団体の主張は、利他的主張という意味では必ずしも敵対する要素ばかりではない。同じ方向を向いている側面もあることを見極める発想が必要である」と述べ、さらに「動物実験をめぐる真の対立点を冷静に踏まえて関係者が議論できるようになることは実験動物福祉を考えるうえで最初の一歩である」と主張しています。

しかし現実には両者間（研究者組織と一部の動物愛護団体）のコミュニケーションはほとんど成立せず、お互いに非難を繰り返し、理解しあおうとはしていないように思われます。これは、たとえ相手が部分的には理解できる主張をしていたとしても、お互いがよって立つ基本的主張や支持基盤が相容れないためであると考えられます。立場が違うということなのかもしれません。

動物愛護管理法が二〇〇五年に改正された際に、今後は五年ごとに新法の施行の状況について検討し見直しをするとの条項が加えられ、実験動物に関してもそのつどいろいろな議論がなされてきました。例えば動物実験反対グループ側は、前節で述べたように研究機関の登録ないし届出制を求めてきました。一方、研究者側は現状には種々の欠点があるものの発展的な改正案を提示できずに、「現状維持」で実験動物界をまとめてきました。しかし、研究者側がこのまま「現状維持」を続けていくなら、そのしわ寄せは実験動物に行くことになり、動物福祉の進展が阻害されかねません。打越綾子教授が述べているように今後は動物実験をめぐる真の対立点を冷静に踏まえて関係者が議論できるようになることが、実験動物福祉を考えるうえで最初の一歩になるかもしれません。

おわりに

実験動物について研究者側から一般の人々への情報の発信がきわめて少ないことは各方面から指摘

されており、このことが一般の人々の動物実験についての理解が乏しい原因の一つになっています。理由の一つには反対運動を意識するあまり、研究者や技術者自身が情報を発信したがらないことと、研究機関の情報発信の理解が得られにくいという状況があります。しかし一般市民の理解なくしては将来の生命科学研究の発展はおぼつきません。今後、ルールや制度の改善に加えて、われわれ研究者や技術者の意識改革、研究機関への働きかけ、さらには動物愛護団体との有益な議論を通して、正確な情報の多くの発信を行うことが必要であると思われます。

参考文献

打越綾子（2016）『日本の動物政策』ナカニシヤ出版。
太田京子著、笠井憲雪監修（2015）『ありがとう実験動物たち』岩崎書店。
笠井憲雪・鍵山直子（2013）「「改訂版：医学生物学領域の動物実験に関する国際原則」翻訳の公表にあたって」『LABIO21』（日本実験動物協会）No54, pp.10-14。
National Research Council（2011）『実験動物の管理と使用に関する指針第8版』（公社）日本実験動物学会監訳、アドスリー。
Russell, W.M.S. & R.L. Burch（2012）『人道的な実験技術の原理――実験動物技術の基本原理3Rの原点』笠井憲雪訳、アドスリー。
Balls, Michael（2008）"Professor W.M.S. Russell（1925–2006）: Doyen of the Tree Rs," *AATEX*, 14, Special Issue, pp. 1-7, FRAME, Russell & Burch House.

第二章　生きているウシ・ブタ・ニワトリについて思いを馳せてみませんか

帝京科学大学生命環境学部
佐藤衆介

はじめに

私たちは、朝にはミルクやチーズにソーセージ、昼にはお弁当に卵焼き、夜にはとんかつやすき焼き、お父さんは焼き鳥などと、日常的に畜産食品を食べています。それらはパック詰めされたり、トレイに並べられたりして、スーパーの陳列棚にきれいに載っています。もとをたどればウシ、ブタ、ニワトリからできていますが、彼らがどのように育てられているかに思いを馳せたことはあるでしょうか。草原で草を食むウシ、ワラにくるまったブタ（**写真2−1**）、庭のミミズをついばむニワトリを

写真２－１　ファミリーペンシステムのワラ床に眠る母子豚（佐藤撮影）

思い浮かべるでしょうか。六〇年前以前の状況をご存知の方はそんなイメージを持たれるかと思いますが、今ではまったく異なる飼育方式となっています。

(一)　生産方式の変化と生産力の増大

例として、卵を生産するニワトリを考えてみましょう。総務省統計局の資料（二〇一七年）によれば、戦後すぐの昭和二五年には鶏卵は一パック一〇個入り九九円で、コメ五キロと同じ価格でした。六〇年後の平成二二（二〇一〇）年には、コメは一七三九円に対し、鶏卵は二一九円にしかなっていません。コメは一八倍になったのに対し、鶏卵は二・二倍にしかなっていません（その間の平均物価上昇は八倍）。それは産官学挙げての努力の結晶なのです。どんな努力がなされたのでしょうか。

まず、統計的手法を縦横に駆使した育種理論の実践により、年間の産卵数は二〇〇個弱から三〇〇個強へ一・五倍も増えました。また、飼料・栄養学により、必要な栄養素を過不足なく満たす餌の給与で、生産に関与しない運動などに使われる無駄な（？）餌が少なくなりました。家畜管理学の進展により、温熱環境、空気環境、衛生環境は整えられ、一羽あたりB5サイズ程度の床面積からなる四面金網のケージに七羽から八羽を入れて、積み上げて飼育することにより、飼育環境は一様になり、土地代も究極まで安くなりました（写真2－2）。ニワトリのメスは、孵化してから一四〇日齢くらいで卵を産み始め、五五〇日齢くらいまで卵を産み続け、その後は出荷され、肉団子やつくねなどとして肉は食べられます。

写真2－2　究極の経済合理性を持つ産卵鶏のバタリー・ケージ飼育システム（佐藤撮影）

彼女たちは、体が収まる程度の部屋で、目の前に提供される完全配合の餌（主にアメリカ産の砕いたトウモロコシ）を食べ、毎日卵を産み、一年半で一生を終えます。ニワトリは、卵をほぼ毎日食べる私たちの食を支えています。ニワトリへ感謝せずにはおられません。

あとで述べますが、ウシやブタも多かれ少なかれ、同様な育種選抜、栄養管理そして飼育方式の改良の結果、私たちの食を安価に潤沢に支えています。例えば、乳牛の年間泌乳量は昭和三五（一九六〇）年の四一二一キロから平成二四（二〇一二）年には八一五四キロと二倍になりました。

究極は、から揚げなどにするブロイラーで、昭和三〇（一九六五）年頃に比べて現在のタイプは体重が六～七倍にもなっています。それらの生産能力を、餌と飼育管理の改良で最大限引き出しているのです。

（二）生きている畜産動物を考える

平成二八（二〇一六）年度調査（ペットフード協会、二〇一七年）によると、日本では犬は九八八万頭、猫は九八五万頭飼われています。ウシは犬や猫の四割程度の三八三万頭、ブタは犬や猫と同数の九三一万頭、ニワトリは犬・猫合計の一六倍である三億一〇一三万羽飼われています。しかも畜産物の重量自給率は五〇パーセント程度なので、私たちの食生活はそれらの倍のウシ、ブタ、ニワトリを常時飼育することによって支えてもらっていることになります。

そこで、ウシ、ブタ、ニワトリは、本来どのような生活を送ろうとしているのかに思いを馳せてみたいと思います。彼らの感情、ストレス、そして意思についてほとんど顧みることのない安く大量に生産する究極の畜産システムを今後どうすべきか、畜産物が大好きな人はもとより、畜産物を食べないベジタリアンやヴィーガンの人も、さらには生産者の方も一緒になって考える機会にしていただけたら幸いです。

一　ウシ・ブタ・ニワトリの繊細な感性と社会

ウシ、ブタ、ニワトリは、人が食べるためにつくりあげた動物ですが、そこで人が目指したのは、早く太り、できるだけ大きくなり、たくさんミルクや卵を生産させることでした。したがって、ニワトリの抱卵行動以外に正常行動を除去しようとしたことはなく、今なお畜産動物は、祖先である野生動物時代の行動を色濃く残しています。そこで、畜産動物の先祖である野生種を思い浮かべ、それが家畜化された場所と時期を確認し、人との関係の歴史を想像し、畜産動物を自由に生活させた場合の社会関係や選択行動から、畜産動物の豊かな感性を説明しようと思います。

(一)　まったりとした生活をしルーズな社会をつくるウシ
ウシの本来の行動

ウシの祖先種はユーラシア大陸に生息していたオーロックス（Bos primigenius：**写真２－３**）ですが、狩猟で追いやられ、ポーランドで一六二七年に最後の一頭の死亡が確認され、その後の記録はなく絶滅しました（Whitehead 1953）。

四〇〇万年前に出現したウシは、一〇〇～二〇〇万年前に温帯・亜寒帯に住む北方系のウシ（日本のウシもこれに含まれる）と熱帯に住む肩にコブのあるインド系ウシに分かれ、八〇〇〇年前頃に前

写真2－3　戻し交雑により復元されたオーロックス
（佐藤撮影）

者はメソポタミア文明圏で、後者はインダス文明圏で別々に、人間の祖先によって家畜化されたと考えられています（Lenstra *et al.* 2010）。母牛は草を求めて大きく移動しますが、子牛はそれに付いて歩かず、クレッシェといわれる子牛だけの集団を森に隠れてつくります（Sato *et al.* 1987）。したがって、子牛は人に捕まえられても、草があれば母子分離によるストレスも強くはなく、ヒトからブラッシングされることでオキシトシンが分泌（Chen *et al.* 2014）され、ヒトとの絆が形成されていったのかもしれません。

現在も人に飼われているウシだけでなく、野生化した家畜ウシも世界のさまざまなところに棲んでおり、その生態からウシの社会が見えてきます。実は日本にもおり、鹿児島から二四〇キロ南に浮かぶ南西諸島口之島に大正時代に野生化したウシが六五～八一頭生息しています。私もそのウシの行動を四年間にわたり調査しました（**写真2－4**）。ほとんどの時間を森林で過ごしますが、食事は主に草原に出てきて草本種を食べること、行動範囲（三〇～五〇ヘク

写真２－４　口之島に生息する野生化牛（黒地や茶地に腹下に白が混じる）（佐藤撮影）

タール）が長年にわたり固定化していること、喧嘩がきわめて少ないこと（〇・二四回／頭／日）、母子が基本的な社会集団であることなどを明らかにしました（佐藤 1991）。母牛は早朝、昼、夕方、夜に哺乳をしたあと、森に子牛を残し、草原に出て二〜三時間食事をし、その後子を置いてきた場所に戻り、muu といった口を開かずに低い声を出しながらそれに呼応して発声する姿の見えない子牛を探し出し、哺乳をし、一緒に寝て反芻し、まったりとした時間を過ごします。睡眠時間は一日四時間程度ですが、反芻してのまどろみ時間はさらに七・五時間にもなります。母子相互行動の時間は六〜七回／日にも及ぶ哺乳を中心とした一時間程度ですが、絆形成に関わる絆ホルモンといわれる血中のオキシトシン濃度は、自然哺乳子牛において人間に育てられた人工哺乳子牛に比べて有意に高いことがわかりました（Chen *et al.* 2015）。彼らは森林の中では母子の二頭で生活しますが、草原に出たときは大群で近接しながら行動します。しかし草原であっても、霧の中で視界が開けて

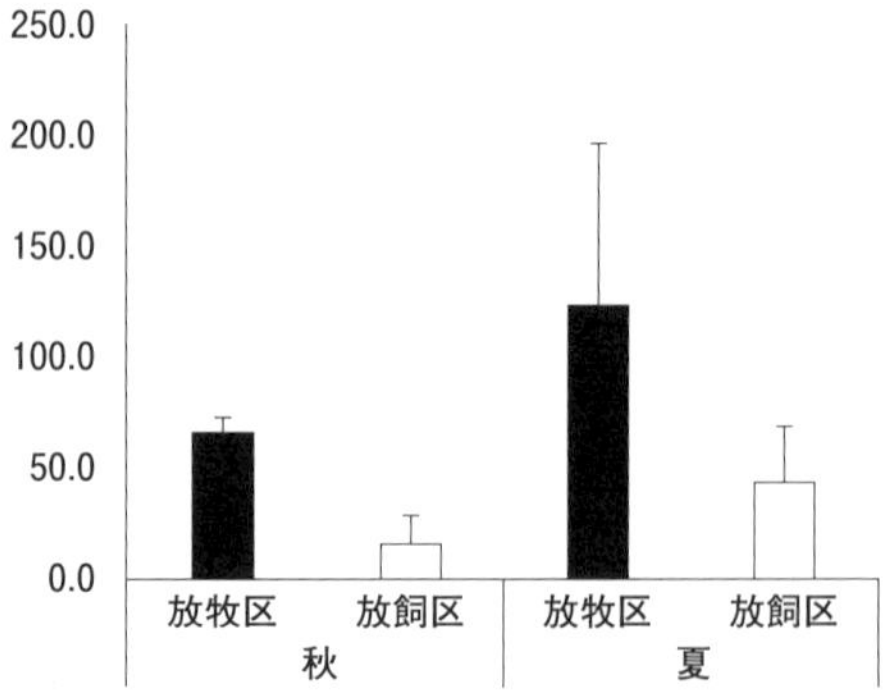

図2－1　秋および夏における放牧区（草が立毛）と放飼区（裸地、生草入りの飼槽）への乳用牛の移動速度の違い（親川ら（2011）から描く）

ない場合には、他の個体との距離は長くなります。状況に応じて社会関係を変える柔軟性と目を半開きにし同じリズムで口を動かす反芻がウシの最大の魅力で、このまったり感と仲間付き合いのルーズさが私にとってウシ好きの理由になっています。

ウシは放牧が好きなのか

私たちは、ウシは放牧が好きなのかを調べる実験をしました（親川ら 2011）。そのために、牛舎から一〇〇メートル離れた場所に、同じ面積の草が立毛している放牧地と、十分な量の新鮮な草が入った餌箱が三台置いてある裸地を準備しました。三頭組にした搾乳牛を牛舎から放し、放牧地に行く場合と裸地に行く場合で歩行速度が違うのかどうかを、暑い夏と涼しい秋に測定しました。すると、いずれの季節でも、放牧地に行く場合には歩行速度は三〜四倍速くなりました（**図2－1**）。

ウシの食べ方の好みを調べた研究もあります。ウシは立毛している草を舌で絡めて食いちぎりますが、刈り取った草を食べるときには舌を絡める程度が少なくなります。そこで、短い乾草と長い乾草をそれぞれ報酬とする実験がされました（Webb *et al.* 2014）。報酬を得るのに必要なボタン押し回数を変えることができる装置をウシの前に設置したところ、長い乾草を報酬としたボタンに対しては、短い乾草を報酬とするボタンに比べて、必要押し回数が増えてもウシが押し続けることが明らかになりました。その結果から、ウシは刈り取られ短く裁断された餌よりも長い餌が好きと考えられています。

ところで、ウシの慢性的ストレスの結果といわれている常同行動（ウシでは舌を丸めたり、長くのばしたりを繰り返し行う舌遊び行動：**写真2－5**）は、その誘発要因として単飼や人工哺乳が指摘されています（Seo *et al.* 1998）。この行動は、同時に繋留から放牧に移すことで大幅に減少し、放牧から繋留に戻すことで大幅に増加する（Corazzin *et al.* 2010）ので、舌をより多く動かす食事もストレス軽減の大きな要因と考えられています。

写真2－5　ウシの典型的な常同行動である舌遊び行動（一度行動を獲得すると放牧に戻しても発現する）（佐藤撮影）

しかし、牛乳を多量に出すウシ（一日に三〇キロ程度泌乳するのに、基礎代謝に必要な栄養の二～二・五倍の栄養摂取が必要）にとっては、草だけでは必要な栄養がとれず、放牧されても高栄養の餌が配給される屋内に長時間滞在するとの報告もあります。ウシのためには、一日に必要な栄養を摂取させせながら、自分の舌を絡めて草を食べられるように放牧を加える方式が必要だと思われます。

ウシの仲間意識

私たちは、ウシの仲間意識についても調べてみました（Sato & Yoshikawa 1996）。具体的には、黒毛和種という品種のウシ一頭ずつにさまざまな動物や人の顔写真をスライドで見せてみました。実験へのウシの集中力はあまり続かず、三分間の試験でしたが、最も長く凝視した顔は、牛房でいつも一緒に暮らしている仲間、次いで畜舎に毎日来る管理人（キーパー）、次いで本実験を行った女子学生、ホルスタイン種のウシ、ウマ、黒毛和種の角のあるウシ（実験牛は角がなかった）、キリン、犬、ヤギ、ヒツジの順でした。

私たちも含めて動物は側頭葉に顔だけに反応する神経細胞（顔細胞）を持っており、顔写真に強く反応します。隔離され興奮しているヒツジにヒツジかヤギの顔写真、あるいは逆三角形を見せたところ、ヒツジの顔写真が最も効果的で、発声は減少し、心拍数はもとに戻り、ストレスの血中指標であるコルチゾルやアドレナリンはほぼ通常に戻るという研究（da Costa *et al.* 2004）もあります。つまり、親和的な仲間が見えることは重要で、しかも二頭よりも五頭の顔が見えるほうがいっそう良いことが指摘されています（Takeda *et al.* 2003）。はじめての場所への誘導時、天井から鉄パイプを落として驚かしたとき、あるいは餌箱を透明なプラスチック板で覆って餌を食べられない葛藤を与えたときでさえ、仲間の顔が見えると落ち着くようです。

また、ウシは顔見知りに対して世話行動を多くとり、近接して生活します（Sato *et al.* 1993）が、それは顔で識別していると考えられています（Coulon *et al.* 2011）。出会い当初は喧嘩や見た目で上下関係をまず決め、その後は相互行動をしない無視の関係が続き、三ヵ月後くらいから徐々に世話行動の交換が始まります（佐藤ら 1991）。ウシには状況に応じて社会関係を変える柔軟性があるとはいえ、顔見知り関係はすぐにはできないので、安定した社会関係を保持させることは管理上も重要となります。

（二）詮索好きで強固な仲間関係をつくるブタ

ブタの本来の行動

ブタの祖先種はイノシシ（Sus scrofa）ですが、イノシシは家畜化される以前からアジアにもヨーロッパにも生息しており、それぞれ別個に家畜化され、その後交雑して現在のブタになっています。イノシシは何でも食べる雑食性のため、イノシシと同じような姿かたちの動物は世界中におり、アフリカにはカワイノシシ、モリイノシシ、イボイノシシ、アジアの離島にはイボイノシシ、ヒゲイノシシ、バビルサ、南北米にはペッカリーがおり、イノシシ亜目はとても繁栄した動物群です（田中 2001）。雑食性のため人間の残飯で飼うことができる特殊な畜産動物です。人間が農耕生活を始めた一万年前にすぐに家畜化されたこと、そして現存のイノシシが縦横無尽に都会のごみ箱をあさることから、ブタはおそらく集団で彼らのほうから人間の残飯を求めて生活圏に入ってきたのではないかと

写真２－６　福島の警戒区域で 2014 年に誕生したイノブタ（佐藤撮影）

写真２－７　放牧肥育養豚におけるブタの摂食行動（草、土壌昆虫は激減する）（佐藤撮影）

一般的に思われています。野生のイノシシと人に飼われているブタは今でも普通に交配（イノブタ：写真２－６）するので、家畜とは野生動物と連続しているものだということを強く意識させられる動物といえます。

ブタをヨーロッパの森に放して生活を調査した研究があります（Stolba & Wood-Gush 1989）。二～四頭の母豚とその直近に生んだ子豚とその前に生んだ若豚が社会的グループをつくって生活します。社会組織はウシのようにルーズではなく固定しているのが特徴です。七～八ヵ月齢になると若雄豚はその群れから離れ、はじめは若雄群をつくりますが、三歳にもなると単独行動をとるようになります。繁殖期になると、母系群に成雄豚が加わり一ヵ月半くらいとどまり交配します。分娩時には母豚は群れから離れ、分娩用の巣をつくりそこで分娩します。一週間程度は巣にとどまる型の母子関係です。その後、子豚を連れてもとの群れに戻ります。生活場所は林縁で、開けた場所が見えるような林地に三方が囲まれた共同巣をつくります。巣から五～一一メートル離れたところで寝起き時の排泄をします。巣、採食場、ぬた場（体温調節や外部寄生虫防除用）、身繕い用立木場を通路でつないだ生活圏をつくります。採食場では鼻で土を掘り返して植物、塊茎、根、種子、ミミズ、昆虫、ヘビ、小動物、卵、鳥、死体など何でも食べるのが食事の特徴です（**写真2－7**）。

ブタの仲間意識

ボタンを押すと餌、仲間、あるいは広い空間という報酬がもらえるという箱にブタを入れてみた研究（Matthews & Ladewig 1994）があります。報酬を得るために必要なボタン押し回数を徐々に多くしたところ、餌が報酬の場合にはいつまでも押し続けましたが、広い空間が報酬の場合には必要なボタン押し回数を三〇回にもすると、どのブタもまったく押さなくなりました。仲間が報酬の場合にはどうでしょう。必要なボタン押し回数を増やせば徐々に反応は落ちますが、三〇回になってもすべてのブタがまだ反応したのです。ブタを自由に生活させれば強固な社会集団をつくることを先ほど述べましたが、この結果からも仲間の重要性がうかがい知れます。

ブタの知能

コンピュータ画面上の点をレバーを操作することで動かし、特定の場所に移動させた場合に餌がもらえるという実験（Croney 1999）があります。これは、通常チンパンジーなどに実施する難しい課題ですが、それをブタと犬を対象に行いました。犬はまったくできなかったのですが、すべてのブタはそれを簡単に実行できたといいます。イルカや三歳児よりも頭が良いのではないかともいわれ、オランダのワーゲニンゲン大学ではきわめて刺激の少ない現在の畜産システム内で利用できるブタ用のビデオゲームを開発中です（http://www.playingwithpigs.nl/）。豚房の壁面をスクリーンとし、その画面上を動くスポットに鼻を押しつけると花火画面が現れるというようなゲームです。

ブタの食べ方に関する研究

写真2－7に見るように、ブタを放牧すると一日の五五パーセントは休息ですが、三五パーセントは土堀りとそれに続く摂食で、覚醒している時間にはほとんど土掘りを行っています。ある研究（de Jonge *et al.* 2008）では、子豚にそれぞれ異なる物が置いてある二つの部屋を用意し、三分間を与えて、どちらの部屋で過ごす時間が長いかを比較しました。まず、ワラの中に一〇～一五個のチョコレートレーズンをまぶした部屋（訓練期間中に平均すると最大八個くらいしか探し出し食べられない）と何も置いていない部屋を用意しました。すると三分のうち七〇パーセントは前者の部屋におりました。次に後者の部屋にワラとチョコレートレーズン（平均して二～六個食べた）の入った餌箱を別々に入

れましたが、それでも前者で六〇パーセント以上過ごしたということです。ブタは餌をまさぐり探し食べるのが好きなようです。

ウシもそうでしたが、動物は手間のかかる食べ方をしたがるようです。contrafreeloadingといわれていますが、日本語には翻訳されていません。loadは「負荷」、freeは「無い」なので、「安直な食べ方」は「安直な」でcontraは「反対」なので、「安直な食べ方を避ける」という意味です。いつでも自由に食べられる餌を置いても、動物は、それと同じ餌を努力しないと得られないような状況で食べたがる性質があるというものです。ブタの例のように、ワラと餌を分離してしまっては効果がなく、餌を食べるときに努力したいようです。なぜそのような行動をとりたがるのかは不明ですが、野生下では動物はさまざまな環境で生活しているので、安直に餌が手に入ったらまずそれを食べ、次いで、それ以外の方法を探るべく努力しようとする性質なのでしょう。この性質は進化的に有利、すなわち餌のさまざまな入手法を獲得できるほうが有利であろうと考えられています。現在の畜産システム（**写真2－8**）のように、目の前に

写真2－8　現代の繁殖豚のストール飼育システム
（回転ができず、目の前に餌が給与される）（佐藤撮影）

餌が置かれては食欲がなくなるのかもしれません。

(三) 領土を防衛し、しかも多様な魅力を持つニワトリ

ニワトリの性質と家畜化の経緯

ニワトリの祖先種はセキショクヤケイ(Gallus gallus)で、現在もインドの高地からインドシナ半島・マレー半島全域、そしてフィリピン、南太平洋諸島にかけて生息しています。南アジアから東南アジアにかけて染色体数も2n=78と同じヤケイがほかに三種おり、それらはインド南部に棲むハイイロヤケイ、スリランカ島に棲むセイロンヤケイ、インドネシアの島嶼に棲むアオエリヤケイです。なぜセキショクヤケイだけが家畜化されたのかは謎ですが考古学的資料からは八〇〇〇年前に東南アジアで家畜化され、中国を経由して西や東に広がったと考えられています(遠藤 2010)。ニワトリ(ヤケイ)は早熟性の鳥類で、孵化したばかりのヒナは動くものについていく性質があり、ついて歩いた努力量に応じてその動くものへ強い絆をつくります。その現象は「刷り込み」といわれ、一度絆がつくられると、その関係はその後一生続きます。ヒトにも刷り込まれるし、一緒に孵化したヒナにも刷り込まれます。しかも穀類を中心とした雑食ですので、飼育も比較的簡単です。したがって、森から卵を採集し、人間の体温で孵化させ、残飯を与えれば籠に入れずとも庭で飼育できたことは容易に想像できます。後述するように、ニワトリはねぐらを中心としたテリトリーをつくるからです。しかも、セキショクヤケイは他のヤケイに比べ、高山地域から亜熱帯に生息しており環境適応性が高い

ことから、家畜化されるヤケイとなったと考えられます。

ヤケイを育てても産卵数は年間二〇～三〇個、オスの体重も七〇〇～九〇〇グラムなので、ヤケイの畜産物としての価値はあまり高いとは考えられません。したがって、家畜化の動機はほかにあるだろうといわれています。ヒトに育てられたオスのヤケイも、体内時計により日の出二時間前には「コケコッコー」を発声する（Shimura & Yoshimura 2013）ことから、時を告げるトリとして時計のない時代にきわめて重宝だったと考えられます。暗期と明期の境に鳴くことから、この世とあの世を仕切る存在としての霊力をも意識させたようです。占い・祭礼・儀礼への利用は重要だったといわれています。伊勢神宮の境内には放し飼いのニワトリがいますが、祭礼の供物としてニワトリと卵が延喜式にも記載されているようで、場の清めに使用されたと考えられているようです（矢野 2017）。第二にはオスの闘争性が非常に強く、頸のオレンジ様黄色と笹の形をした赤い羽、真っ赤な鶏冠という美しい容姿（**写真2－9**）は、占いや闘鶏という娯楽に重宝されたと考えられています。闘鶏はタイでは国民的行事として今でもとても盛んです（**写真2－10**）。野生化したニワトリの行動と生活を一年かけて克明に調査した報告（McBride *et al.* 1969）があります。春から夏の繁殖期間中、オスは一羽でテリトリーをつくり、地域を防衛し、そのなかに通常一羽の雌鶏が巣をつくり、卵を産み、孵化させて一〇～一二週間ヒナを単独で育てます。その間、オスともメス同士とも交流はありません。ヒナとの関係が切れたあと、雌鶏はオスと再度合流し、次の産卵を開始します。繁殖期が終わる秋にはオスのテリトリーは崩れ、行動圏は他のオスと重複するようになりますがハーレム群がつくられ、ハーレム群

写真２−９　タイの闘鶏用のシャモ系ニワトリ
（佐藤撮影）

写真２−10　タイで実施されている闘鶏（右手のニワトリに見るように蹴爪は布で保護され、対戦鶏へのダメージを抑えている）（佐藤撮影）

同士は空間的に避けあうように生活します。ハーレムとは四〜五羽の雌鶏、その若鳥、劣位の雄鶏を一羽の優位なオスが囲い集団をつくることです。のちには若鳥はハーレムから離れます。行動圏の中の特定の木の上にねぐらがつくられます。ニワトリとはオスがハーレムをつくりながら、空間を適宜独占しあい、そのなかでメスは単独で産卵・孵化・育雛し、非繁殖期には群れを形成するという複雑な社会を形成する動物なのです。

ニワトリの摂食行動

ニワトリは、植物の種を主食とします。歯がないので食道の一部の袋（嗉嚢）の中にそれを入れ膨潤化させたあと、さらに食道に戻し腺胃を経由して内部がケラチンで固く覆われ小砂の入った筋胃（スナギモ）で原型をとどめないほどすり潰します。土をつつき、前後左右に嘴を振り、爪で土を掻きむしり、その中から種を拾い出す作業を一時間あたり一四〇〇〜一五〇〇回、一〇時間も行います。こうした行動ができないケージ（金網床で現代畜産の一般的飼育方式：写真２－２）をニワトリは好むのか調査した研究（Dawkins 1977）があります。ケージ飼育なり屋外の放飼場付き小屋飼育なりの前歴を持つ一歳の産卵鶏各七羽に一羽ずつ、〇・一六平方メートルのケージ（一般的なケージは〇・〇四平方メートルなので通常より四倍広い）と一・一六平方メートルの屋外放飼場の選択をさせました。選んだあとに五分間そこに閉じ込め、選択した場所に慣らしました。一回目の選択では、屋外飼育経験のニワトリの全羽とケージ飼育経験のニワトリの三羽が屋外放飼場を選びました。さらに、ケージ飼育経験のニワトリは、四回目には五羽、五回目には六羽、そして回数を重ねるにつれて安定して屋外飼育場を選択するようになりました。たった五分の経験で、嗜好は大きく変化したのです。ニワトリは爪で掻けて、嘴でほじくれる土床が好きなようです。

セキショクヤケイと観賞用に家畜化された品種バンタム、産卵用に強度に選抜されたハイラインとで摂食行動を比較した研究（Schutz & Jensen 2001）もあります。バンタムは愛玩用のニワトリで、体重も卵重もセキショクヤケイとほぼ変わりなく、生産力で改良されていないニワトリです。世界中の産卵鶏の供給源はほぼ三社が独占していますが、ハイラインはそのなかの一社が販売する代表的系統で、体重は一・五倍程度なのに、卵重はほぼ倍、卵数は年間三〇〇個くらい産む究極の卵製造系統の一つです。それぞれの品種のニワトリに、二つの餌場を用意して（一つは餌だけの餌場、一つは餌とおが屑が混合された餌場）、どちらから餌を食べるかを調査しました。何と、セキショクヤケイとバンタムは、おが屑の中から餌を探すという面倒な後者の餌場で二倍から二・五倍量食べました。ハイラインは予想通り簡単に餌がとれる前者から二倍弱食べましたが、それでも三〇パーセント強の量の餌を面倒な方法で食べていました。

同様の実験を、産卵鶏とブロイラーで試した研究（Lindqvist *et al.* 2006）もあります。ブロイラーは成長の早さで選抜されたニワトリで、四〇グラムで孵化したヒナが四三日齢で三キロにもなる究極の肉製造動物です。そのブロイラーでさえ、面倒な摂食行動が必要とされる、おが屑入り餌場で摂食行動時間の五パーセントを費やしました。肉や卵生産向上の方向に長年にわたり選抜したにもかかわらず、ニワトリも野生時代に獲得した摂食方法、contrafreeloading を残しているのです。

面倒くさい摂食を好むのならば、食べにくい籾米をブロイラーに食べさせたら生活は豊かになるのかもしれません（小原 2016：**写真2－11**）。籾米を食べるときは嘴で餌を左右に選り分ける行動が多い傾向にありました。そして、餌の三〇パーセントを籾米でトウモロコシに代替すると、安楽時に発現する行動である羽繕い行動や脚を伸ばした横臥休息が有意に増え、慢性的ストレスの生理的指標の一つである血液中の偽好酸球数／リンパ球数が有意に低くなりました（有賀・佐藤 2016）。足の裏の炎症はブロイラーの大きな福祉問題の一つですが、それは床敷中のアンモニア水と足の裏との長時間の接触に由来します。湿度の高い日本では特に高率に見られますが、この問題も、実は籾米給与によっても改善されたのです。籾米給与によりタンパク含量は低くなりますので、糞尿中の窒素含量が減りアンモニアレベルが低下したこともあるでしょうし、籾により糞尿中と床敷の水分含量が低下したことも要因と考えられました。日本型の家畜福祉改善技術の一つとして私たちは注目しています。

写真2-11　籾米重量比20パーセント給与鶏群とトウモロコシを主体とする通常飼料給与鶏群の比較試験（佐藤撮影）

（四）小括

以上、畜産動物の代表的な三種の多様な世界を紹介しましたが、そのほかにもヒツジ、ヤギ、モルモット、トナカイ、アヒル、ガチョウ、シチメンチョウなどが畜産動物として家畜化されました。さらに、ウマ、ラクダ、スイギュウのような使役動物と犬、猫を含めて家畜として位置づけられています。

家畜になった動物は、哺乳類一七種、鳥類五種程度しかおりません。現在地球上に存在する哺乳類の〇・三パーセント、鳥類の〇・〇四パーセント程度で、まさに特別な存在です。そこにはヒトからの働きかけとそれらの動物のヒトへの接近があったに違いありません。これらの動物は、刷り込みや刷り込み様学習を通して絆を形成し、性行動は乱婚的で、雑食性か餌の好き嫌いが強くないという共通の性質を持っています（Price 2002）。家畜のなかの畜産動物に対し、私たちは乳、肉、卵生産を効率的に行わせるべく、「はじめに」で述べたようにそれらの潜在能力を最大限選抜してきました。そしてその潜在能力を低コストで最大限発揮させるべく、飼育面積を狭くしそこに多頭羽数（**写真2－12：ブロイラー**）を入れ、穀物中心の栄養濃度の高い餌を給与し、それをエネルギーを使わせないで食べさせる方式を開発してきました。その飼育方式のなかで、動物の生活の質（福祉レベル）は低下してきたのです。今、有史以来、私たちと一緒に脈々と生活してきた畜産動物の生活の見直しが始まっています。

写真2－12　一般的な現代のブロイラー生産システム（坪あたりの収容羽数は平均53羽）（佐藤撮影）

二　畜産動物のウェルフェアレベルを上げる努力が始まっている

(一) アニマルウェルフェアへの関心の高まり

東京オリンピック・パラリンピック二〇二〇大会は、持続可能性に配慮した運営を目指しています。そのなかで飲食サービスについても調達基準を作成しました。四つの基準が設けられており、①食材の安全、②環境保全、③労働安全、④アニマルウェルフェア（動物福祉）が掲げられています。このうち①から③については日本にも関係法令があるので、その順守が求められているわけですが、④に関しては（公社）畜産技術協会が策定した「アニマルウェルフェアの考え方に対応した飼養管理指針」の順守が求められています。この指針によれば、国際獣疫事務局改め世界動物保健機構（OIE）でのコード（規約）の策定や改正にあわせて、基準が随時改訂されるものと解説されています。

「アニマルウェルフェアという言葉を知っていますか」との質問を市民にアンケートしたところ、八八パーセントの人が知らないと答えています（NPO法人アニマルライツセンター 2017）。また生産者に「アニマルウェルフェアの考え方に対応した飼養管理指針」を知っていますかと問うたところ、乳用牛で二一・二パーセント、肉用牛で二六・七パーセント、ブタで五一・七パーセント、ブロイラーで三五・七パーセント、産卵鶏で五九・五パーセントという結果でした（畜産技術協会 2015）。養豚と養鶏の生産者で数値が高いのは、EU（ヨーロッパ連合）で、妊娠豚のストール飼育（写真2-8）

と産卵鶏の慣行型ケージ飼育（**写真２－２**）がそれぞれ二〇一二年と二〇一三年に禁止されたこと、さらに近年のアメリカでそれらを使用しない豚肉や鶏卵の販売が促進されつつあることが影響しているものと思われます。なお、東京都市大学枝廣研究室の調査（二〇一六年）によると、日本の加工業者や外食業者などの八三パーセントは様子見のようです。

アニマルウェルフェアの向上には動物の生活の質の改善が必要ですが、基本的にこれまで安価に多量に生産するため追求してきた能力、餌、空間における集約化を緩めるものなので、コストの上昇が見込まれます。イギリスの環境食糧農林省への報告書（McInerney 2004）によると、生産システムの変更による生産および流通レベルでのコスト増は、妊娠豚のストール飼育禁止で五パーセントと一・三～一・九パーセント、産卵鶏の慣行型ケージ飼育禁止で二八パーセントと一七・九パーセントといわれています。それを誰かが払う意思がなければ畜産動物の生活の質の改善は望めません。ＥＵ市民へのアンケート（EU 2016）によると、九四パーセントが「畜産動物のウェルフェアを守ることは重要である」、四六パーセントが「すべての動物に配慮することは義務である」とし、四〇パーセントが「畜産動物の生活の質改善につながる動物管理に関心がある」とのことでした。人と関わることを厭わず、豊かな社会と生活の能力を有し、私たちに乳肉卵を提供してくれる畜産動物とどのように向き合っていくべきかを、インターナショナリズム（国際主義）のなかで私たち日本人も真剣に考える時期に来ていると思います。

(二) アニマルウェルフェアを高める方策

アニマルウェルフェアのアニマルは動物ですが、ウェルフェアとは語源的にはウェル（望み通りに）+ファレン（生活する）で「動物が望み通りに生活する」という意味です。望みの本体は、ネガティブな感情が少なくポジティブな感情の多い生活、環境と適応している生活（ストレスのない生活）、自然な振る舞い（行動の自由）と西欧人は考えています。ネガティブな感情とは、苦痛や苦悩のことです。ポジティブな感情とは、快適、喜び、好奇心、安寧のことです。西欧人は個人主義的発想（利己ではなく、個人を尊重する）が強いので、動物であっても主体（個人）と考えており、動物に対しても以下に述べる「五つの自由」を権利として認めようとしています。一方、日本人は人間中心主義的発想が強いので、アニマルウェルフェアの考え方に対応した飼養管理指針（畜産技術協会 2011）では「アニマルウェルフェアを快適性に配慮した家畜の飼養管理」と定義し、農林水産省は Animal Health を動物衛生と翻訳し、動物は愛し護る対象であるとしています。したがって、アニマルウェルフェアは読み替えて「食、住、社会生活を動物の情動・ストレス・自然性から評価し改善する」というと日本人には理解しやすいと思います。アニマルウェルフェアをそのまま訳せば動物福祉ですので、以下では動物福祉という表現を用います。**表2-1**に動物福祉と動物愛護の微妙な違いを簡単にまとめました。

一九九二年、イギリスの畜産動物福祉委員会は、動物福祉は五つの観点から改善できると提案しました。これらは「五つの自由」原則といわれ、①空腹・渇きからの自由（健康と活力を維持させるた

表2-1　動物福祉と動物愛護の違い（佐藤 2012 に加筆修正）

	愛護	福祉
動物への修飾語	命ある	感受性のある
目的	気風の招来、情操涵養	動物の良い状態
主体	人間	動物
倫理の根拠	義務論、共通善（良俗）	個人主義、功利主義
配慮の方法	包括的 （観念的）	科学的 （五つの自由）* （三つの Rs）**
	（共同体的：絆・共生）	（社会契約的：個体・権利）

*：①空腹・渇きからの自由、②不快からの自由、③痛み、損傷、病気からの自由、④正常行動発現の自由、⑤恐怖・苦悩からの自由＋⑥ポジティブ情動の促進（快適、喜び、好奇心、安寧（庇護））
**：置換（Replacement）、削減（Reduction）、洗練（Refinement）

め、新鮮な水および餌の提供）、②不快からの自由（庇陰場所や快適な休息場所などの提供も含む適切な飼育環境の提供）、③痛み、損傷、疾病からの自由（予防および的確な診断と迅速な処置）、④正常行動発現への自由（十分な空間、適切な刺激、そして仲間との同居）、⑤恐怖・苦悩からの自由（心理的苦悩を避ける状況および取り扱いの確保）が挙げられています。先ほど述べたとおり動物が主体ですので日本人にはわかりにくい表現ですが、カッコ内の説明は「自由」を導くための必要条件として記載されており、これは管理者が準備することであり理解しやすいと思います。いずれの項目を見ても、畜産動物の福祉レベルが低いことを前提に、その改善を主張する内容になっています。近年、ネガティブな状況の改善に加え、ポジティブな情動体験の促進こそが重要との認識に変わりつつあります（FAWC 2009; Mellor 2016）。ポジティブな情動体験は、動物を楽天的（Douglas *et al.* 2012）にし、他者に対して親和的（Chen *et al.* 2014）にし、免疫性を高めること（Watanuki & Kim 2005）が明らかになりつつあり、動物の福祉改善は、人との関係の改善や動物の健康性に寄与すると考えられます。

（三）畜産動物福祉に関する国際規約

先ほど、東京オリンピック・パラリンピック二〇二〇大会では畜産物の調達基準にＯＩＥでの規約が重視されていることを紹介しました。ＯＩＥ（Office International des Epizooties）とは、国際輸送にともなう牛疫の伝搬を受け、動物の感染症が輸送を通じて蔓延することを防ぐ目的で一九二四年につくられた国際組織です。二〇〇三年にＯＩＥという歴史的名称を残したままで、The World Organisation for Animal Health（世界動物保健機関）と名称を変え、動物の健康改善に貢献する組織へと発展しました。

そして、動物の健康改善の必要条件の一つとして、動物福祉の規約を作成してきました。現在、ＯＩＥには日本を含め一八一ヵ国が加盟しています。そして二〇〇四年以降現在まで、陸生動物衛生規約（Terrestrial Animal Health Code）の第七章に動物福祉規約が整備されてきました。時系列的には、以下のような採択が重ねられてきました。

七－一節　動物福祉に関する勧告序論（二〇〇四年）

七-二節　動物の海上輸送（二〇〇五年）
七-三節　動物の陸上輸送（二〇〇五年）
七-四節　動物の空路輸送（二〇〇五年）
七-五節　動物のと畜（二〇〇五年）
七-六節　疾患管理目的の動物の殺処分（二〇〇五年）
七-七節　放浪犬の個体群調節（二〇〇九年）
七-八節　研究と教育における動物利用（二〇一〇年）
七-九節　動物福祉と肉牛生産システム（二〇一二年）
七-一〇節　動物福祉とブロイラー生産システム（二〇一三年）
七-一一節　動物福祉と乳用牛生産システム（二〇一五年）
七-一二節　使役ウマ類の福祉（二〇一六年）

OIEは二〇一八年五月の総会では動物福祉と養豚システム、翌年には動物福祉と産卵鶏生産システムを採択すべく鋭意準備中です。

このうち、七-一節の動物福祉に関する勧告序論は、動物福祉の基本概念と、畜産動物生産システムにおける動物福祉基本概念（総論）からなります。

「動物福祉の基本概念」では、動物の健康と福祉には強い関連性があること、そして動物の利用は人々の幸福に大いに寄与するという基本認識が示されています。そして、前述した「五つの自由」と「三つのR」(動物の使用数の削減、苦痛や苦悩を起こす処理の洗練、動物を利用しない方法への置き換え)の原則を有効な手引きとすることが指摘されています。後者の原則は当初、動物実験の福祉原則として提案されましたが、畜産においても、ニワトリのピークトリミング、ブタの犬歯切断・断尾・去勢、ウシの除角・去勢などの侵害的な処置が行われることから、畜産動物の福祉原則ともなってきています。さらには、動物福祉とはさまざまな側面の総合ですが、各側面の福祉に対する重みづけを明確にすること、動物の利用にあたっては倫理上の責任があること、畜産動物の福祉改善は生産性と食の安全を改善する可能性があること、飼育施設や設備を規定するよりも動物の状態を規定することこそが重要であると記載されています。

「畜産動物生産システムにおける動物福祉基本概念」では、遺伝的選抜は、生産力に加えて健康と福祉をつねに考慮して行うこと、畜産動物を飼い始める際には、その地域の気候、風土に適応できるように選ぶことが掲げられています。また、物理的な飼育環境は、安楽・安全・快適で、実行したがっている自然な行動をさせてやれるようにすること、群れの構成はポジティブな社会行動ができるようにすること、空気の質、気温、気湿は良い健康状態を保てるようにすること、十分な餌と水にアクセスできるようにすることも指示されています。さらに、疾患と寄生虫を防御・制御すること、重篤な健康問題を抱える動物は隔離し、適切に処置し、処置の効果がなく、回復が見込めない場合には人道的に殺処分すること、処理にともなう疼痛を管理することも大切です。そして、動物の取り扱い方法として、人間と動物のポジティブな関係を促進するようにすること、所有者と管理者は十分な技術と知識を持つこととされています。

輸送に関する各論では、まずは輸送時間を最短にすべきとされています。そして、畜産動物取扱者は、動物の取り扱いと誘導技術に習熟し、動物の行動特性を理解し、技術に必要な原則を十分理解するべきとされています。具体的には、輸送動物の準備・馴致、輸送時間、運搬車構造、密度、休息・給餌・給水、輸送中の観察、病気の伝染、緊急対応、天気予報、輸送手段変更時の時間、検査所での待機時間、搭載、輸送中、降載、降載後の取り扱いについて細かい注意事項が書き込まれています。

と畜に関する各論では、骨折や脱臼した鳥類は、食肉処理場に入る前に人道的に殺処分すべきとされ、処理施設到着時の骨折や脱臼したニワトリの数を二パーセント以下、最終的には一パーセント以下にすべきとしており、つまり数値目標を記載しています。保定後は速やかに適切な方法で失神させ、失神後は速やかに放血する。失神方法として、脳髄に衝撃を与えて失神させる機械的方法、通電による大発作てんかんで失神させる電気的方法、窒息により失神させるガスによる方法が、詳細に記載されています。殺処理方法は大動脈・大静脈あるいは頸動脈・頸静脈の切断による放血法が記載されています。

飼育システムに関する各論では、動物の状態を評価する指標が示されています。また、動物の状態がネガティブな場合には、改善すべき飼育環境の要点が記載されています。いずれの動物においても、摂食量・飲水量、行動、歩様、疾患率、死亡率、体重・体型の変化、生産性、目の状態、繁殖性、外見状態、取り扱い時の行動、通常管理（ウシにおける除角、去勢、ニワトリにおける断嘴、ブタにおける断歯、断尾など）による合併症、発声の種類、などが指標として提案され、指標とその閾値は状況により判断すべきとされています。そして、異常行動（ウシの舌遊び、ブタの柵齧り：**写真2－13**、ニワトリの羽食いなど）が見られた場合は、飼育環境の変更により抑えるべきとされます。乳牛については、繋留飼育に言及しており、「困難なく横臥・起立し、正常な姿勢を保て、身繕いできるようにする。行動を制御する電気器具（カウトレーナーなど）は、適切に設計し、使用し、維持しなければ福祉問題を起こす」とされています。除角には角芽（角になる部分の皮膚が隆起した状態）の熱処理を推奨し、麻酔剤と鎮痛剤の使用を強く要請しています。

写真２－13　ブタの典型的な常同行動である柵齧り
（右奥のブタが柵の横枠を齧り続けている）（佐藤撮影）

（四）アニマルウェルフェアの考え方に対応した飼養管理指針と世界の動き

このような国際規約の成立に対応し、日本では二〇〇五年から検討会や勉強会を開始し、二〇〇八年に採卵鶏とブタ、二〇〇九年にブロイラーと乳用牛、二〇一〇年に肉用牛とウマの「アニマルウェルフェアに対応した家畜の飼養管理指針」を作成しました。その後、前述したとおりブタと産卵鶏を除く畜産動物の生産システムに関するOIE規約が作成されたことから、それと整合性をとるべく二〇一六年に改正されています。

ただし、この飼養管理指針の特徴として、「正常行動発現への自由」に対する抑制的な見解が挙げられます。動物たちの正常行動の発現に注目する発想は、動物福祉を考えるうえで重要であるとしながらも、その保証にはコスト上昇の可能性があり、消費者負担の上昇を招くことから、どのように対処すべきかについて、今後の議論や研究の必要を求めていると指摘しています。

しかし、世界的には「正常行動発現への自由」にまで言及しているOIEの規約が畜産動物の福祉に関する共通認識になっています。そして、OIE規約は国家間の単なる紳士協定から、OIE規約を最低限の順守事項とするISO/TS34700という形で国際的認証に発展してきています。

EUではリスボン条約本文に動物福祉条項を加筆しており、「農業・漁業・輸送・域内流通・研究および技術・宇宙開発に関する政策の決定や執行にあたり、EUおよび加盟国は、動物は感受性のある存在であることから、動物福祉の要件に十分に配慮する」としています。こうした条項を前提に、畜産動物福祉の法的規制である指令や規則の制定ならびに農業共通政策（CAP）における畜産動物福祉への補助金が支払われています。EUでは、先述したように「正常行動発現への自由」も重視しており、繋留飼育、ストール・クレートやケージという閉じ込め型飼育、過密からの解放を強く求めています。産卵鶏は二〇一二年からは慣行のケージ飼育の禁止、妊娠豚は二〇一三年からはストール飼育の禁止、ブロイラーは二〇一〇年六月からは収容密度を最大三三キロ体重/平方メートルに制限

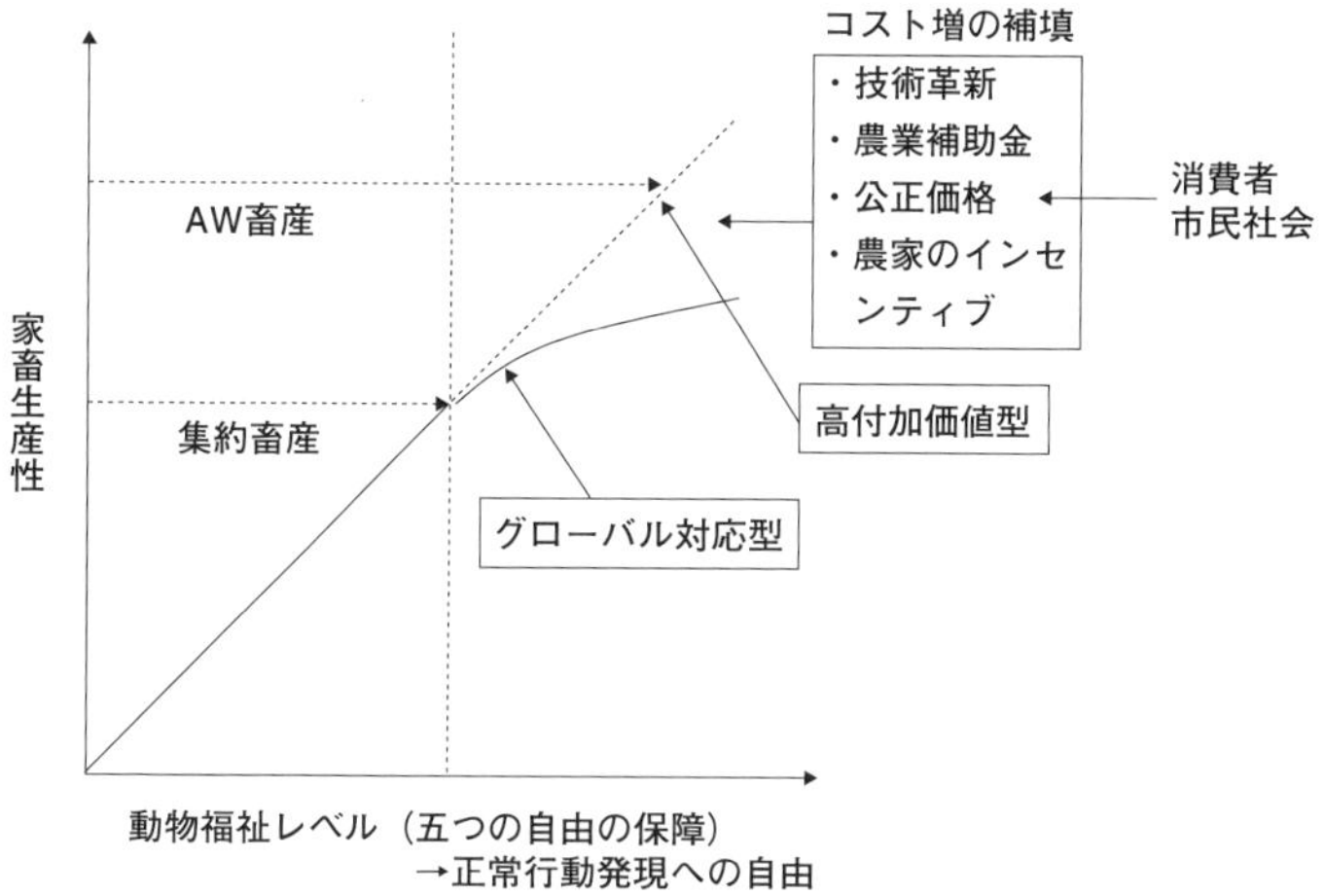

図２−２　畜産動物福祉と家畜生産性との関係のイメージ図（佐藤1992に加筆修正）

しています。

アメリカの市民も同様の発想を持っていますが、自由主義の国なので連邦法で産業活動を規制しようとする動きは少ないですが、州法を直接投票で決めることのできる二四州では畜産動物保護法が次々と採択されています。市民のそのような動きに対し、加工流通業者や外食産業の関係者も対応し始め、主要二一九社が二〇二五年頃までに取り扱う卵をすべてケージフリー卵（ケージ飼育でなく、平飼あるいは放牧飼育）にすると宣言しています。その量は実に現状の流通卵の七〇パーセントにあたるといわれています。妊娠豚もストール飼育から解放し、群飼にする方向に進んでいます。

図２−２は、畜産動物福祉の向上と家畜生産性や収益性の関係を表したイメージ図です。畜産動物福祉の向上はある程度までは生産性や収益性の向上に直接つながります。ただし、一定程度以上、

例えばケージ飼育、繋留飼育、ストール飼育からの解放（写真2－14、15、16）というような「正常行動発現への自由」を推し進めると、生産コストは上昇しますが、生産性や収益性の向上はそれに見合っては上昇しません。産業として成立させるには、その差を埋める必要があり、その方策には技術革新、補助金、プレミアム価格、そして生産者のインセンティブが必要です。技術革新と補助金は、

写真2－14　産卵鶏飼育方式の代替法の一つである平飼方式（本システムは1段であるが4段式まである）（佐藤撮影）

写真2－15　搾乳牛の繋留飼育方式の代替法の一つであるフリーストール方式（佐藤撮影）

公的資金の投入であり、法的・行政的課題といえます。プレミアム価格の受け入れは消費者の課題ですが、ＥＵ市民であっても大半は五パーセント程度の上昇しか認めていません（EU 2016）。生産者のインセンティブとは、福祉を向上させることにより動物は友好的になり、飼いやすくなることで職場環境が改善されるということを実感した生産者が、自ら動物福祉を改善しようとする動機です。ＯＩＥ規約では、コスト上昇分を、企業努力や若干の公的資金投入程度で吸収できる範囲の畜産動物福祉向上を想定しています。ＥＵでは、コスト上昇分を、動物福祉補助金や消費者の価格支持によりカバーする動物福祉向上を想定しています。

写真２-16　妊娠豚のストール飼育方式の代替法の一つであるフリーアクセス妊娠ストール方式（佐藤撮影）

まとめ

日本人にとっては、畜産物を日常的に食する習慣は六〇年の歴史しかありませんし、畜産動物との対面機会がほとんどないことから、畜産動物への愛着の程度は西欧人に比べて非常に弱いのかもしれません。また、命を大事にする日本人にとっては、最終的に殺されて食べられる畜産動物をなるべく思い起こしたくないのかもしれません。しかし冒頭で述べたとおり、現代社会で暮らす私たちは毎日のように畜産物を食する生活をし、私たちの生存に最も重要な動物は畜産動物となってきています。愛着もなく、殺されていく動物が私たちの毎日の食を支え、私たちに飼育されていることを思い起こしてください。畜産動物とは、野生時代から人と関わりを持つことが得意な選ばれた動物であり、今なお野生時代の生活能力と認知能力を持ち続けてきています。愛着があり、殺されることがない家庭動物とどう向き合うかを考えることは容易ですが、それと同時に、畜産動物にも思いを馳せ、彼らとどのように向き合っていくかを考え、対処することが、豊かで持続的な社会を目指す礎になると信じています。

追記：本文執筆後の二〇一七年一一月一五日に、農林水産省は各地方農政局に対し「アニマルウェルフェアに配慮した家畜の飼養管理の基本的な考え方について」を通知しました。それは動物福祉に配慮する国際的潮流を受け、わが国でも畜産動物の福祉改善の推進を目指し、生産者ならびに畜産関係者に周知を依頼するものでありました。畜産動物の福祉改善を国が率先して行うと明示したもので、高く評価できるとともに今後の進展を大いに期待するところであります。

参考文献

Appleby, M. C., J. A. Mench, I. A. S. Olsson & B. Hughes（2017）『動物福祉の科学――理念・評価・実践』佐藤衆介・加隈良枝監訳、緑書房。

遠藤秀紀（2010）『ニワトリ　愛を独り占めにした鳥』光文社。

公益社団法人 畜産技術協会（2017）「アニマルウェルフェア」（http://jlta.lin.gr.jp/report/animalwelfare/）。

佐藤衆介（2005）『アニマルウェルフェア』東京大学出版会。

田中智夫（2001）『ブタの動物学』東京大学出版会。

農山漁村文化協会編（2012）『最新農業技術　畜産 Vol. 5.　特集アニマルウェルフェア』農山漁村文化協会。

農林水産省（2017）「畜産統計」（http://www.maff.go.jp/j/tokei/kouhyou/tikusan/index.html）。

農林水産省（2017）国際獣疫事務局（ＯＩＥ）。http://www.maff.go.jp/j/syouan/kijun/wto-sps/oie.html

＊本文中で引用した文献はほとんどが専門誌に掲載された英文論文ですので、読者の皆様が文献にあたることはほとんどないと考え、引用文献を「参考文献」から削除しました。

第三章　愛玩動物をめぐる課題

新潟県福祉保健部生活衛生課
遠山　潤

はじめに

私は自治体の職員です。ここでは、私の経歴も含めて紹介させていただくことで、自治体が愛玩動物にどう関わっているのか知っていただきたいと思います。そのうえで、保健所や動物愛護センターで愛玩動物に関わってきた経験をもとに、愛玩動物のおかれた現状と、さまざまな課題について述べたいと思います。

一　自治体職員としての経歴と新潟県動物愛護センター

（一）自治体職員としての経歴

私は獣医師の免許を持っていますが、大学を卒業してすぐに新潟県の職員になりましたので、動物の病気の治療や手術などの臨床経験はありません。最初の十数年は、保健所や食肉衛生検査所、本庁で主に食品衛生の仕事をしていました。飲食店や食品工場、給食施設などの許認可や立入指導、食中毒事件の調査が主な仕事で、そのほかに旅館や民宿、公衆浴場の指導もあり、水道施設の担当になったこともあります。時々犬猫の相談や放し飼いの飼い主の指導、犬の登録台帳の整理もしましたが、あくまでも業務の一部でしかありません。このように十数年食品衛生監視員としてのスキルを磨いたところで、動物保護管理センターの班長になりました。自治体によって体制は違いますが、獣医師として採用されていても、動物愛護の担当ばかりしている人はほとんどいないと思います。

平成一四（二〇〇二）年に赴任した県央動物保護管理センターは、臨時職員も含め五名体制で獣医師は私一人でした。当時の年間収容数は犬三〇〇頭、猫一〇〇〇頭ほどで、犬は半数、猫はほぼすべて殺処分という状況でした。新潟県は当時から薬剤注射で安楽死処置するシステムでしたので、殺処分は基本的に獣医師の業務でした。このセンターは犬の抑留処分場としてつくられた施設であり、譲渡に向け犬や猫を一定期間飼育する設備の余裕もなく、インターネットで情報発信をする環境もありませんでした。そこで、当時県内にできたばかりの動物愛護団体との協力を模索し、何とか少しずつ子犬だけでなく成犬の譲渡ができるようになっていきました。

その後本庁勤務を経て、平成二〇（二〇〇八）年に下越動物保護管理センターに転勤になりました。時代の流れと動物愛護団体との協力により、犬は七割以上が譲渡返還されるようになっていました。今度は、猫の殺処分を減らそうと思ったのですが、協力していた動物愛護団体は自分たちの抱えた猫で手一杯で、協力は得られそうもありません。そこで、センターのスタッフと上司を説得し、一〇万円でいいからと、餌代を捻出してもらって猫を飼育し、当時やっと使えるようになったホームページにかわいい写真を載せ、猫の譲渡システムを立ち上げました。これにより前年度年間三五頭だった猫の譲渡数が、一三五頭に増えました。翌年は実績が評価され、予算を回してもらえるようになり、譲渡数は二〇〇頭を超えました。私も含め職員は大変でしたが、業務の中身がドラスティックに変わる体験ができました。行政だからこそ、毎日のように収容される動物に向き合い、殺処分するはずだった動物を譲渡し、助けることができるのだと実感できましたし、仕事の中身も毎年同じことをするのではなく、とにかく改善の繰り返しでした。この頃は、譲渡するのはもらい手がつきやすい子猫だけに限り、希望者とよく話をして飼育できそうだと思う方には、五〜六週齢でも譲渡していました。効率よくしないと、助けられる猫が減ってしまうとの思いからでしたが、今思えば、手探りで立ち上げた事業であり、飼育環境の整備や疾病の管理、譲渡の際の説明も、その質はまだまだだったと思います。

（二）新潟県動物愛護センターの譲渡事業

平成二四（二〇一二）年に新潟県における動物愛護の拠点施設として、新潟県動物愛護センターがオープンしました。私は立ち上げから四年間、センターの運営に関わりました。当初は、想定を超えた犬猫が持ち込まれ、殺処分を減らそうと飼育を続けたのに譲渡が進まず、猫が滞留し、廊下にまでケージを並べて飼育し、スタッフは猫の世話だけで疲弊してしまうという事態に陥りました。その結果、感染症が蔓延し、さらに譲渡が滞るなどさまざまなトラブルが起きました。結局、センター全体の運営のため、飼育頭数に上限を設けることにしました。より質の高い飼育をすることが譲渡にもつながると考えたからです。そして、本当は全部助けてあげたいと思いながら、飼育頭数の上限を超えそうな場合は殺処分のハードルを下げ、残した動物たちについては飼育環境の改善や感染症管理を徹底し、良い状態で早く譲渡まで持っていく、こんなことをスタッフ全体で理解し、共通認識を持ちながら、日々改善を続けていきました。

新潟県動物愛護センターでの譲渡実績は、開所から五年間で犬四〇〇頭、猫二七一六頭になりました。動物愛護団体への団体譲渡は年間数頭ですので、ほとんどが一般個人への譲渡です。行政の施設から個人への直接的な譲渡数としては、国内有数の実績だと思います。

ここで、センターで行っている譲渡数を増やすための工夫についてご紹介します。

健康な状態を保って飼育する

動物愛護センターは、どうしても収容頭数が多く過密飼育になりがちで、動物にとって良い環境とはいえません。アメリカでの研究成果を活かした、シェルターメディスンという手法があります。これは、多数の動物を保護する施設に特化した獣医療なのですが、この考え方を取り入れ、頭数管理、ストレス管理、感染症管理を行い、「健康な状態で入ってきた動物は、健康な状態のまま速やかに譲渡する」ことを目標に掲げ、可能な限り良い状態での飼育に努めています。そのための職員研修も行い、職員間で動物の健康状態などについて情報共有をはかる仕組みをつくっています。

もらっていく人の利便性とアフターフォローを考える

新潟県の動物愛護センターは丘陵地帯にあり、公共交通機関のない立地です。そのため土日も開館し、家族一緒に自家用車で来てもらって、いつでも譲渡を受けられる体制にしています。譲渡時には、スタッフ全員がもらっていく人の経験やスキルにあわせて時間をかけて丁寧に説明できるよう、マニュアルも作成し、必要に応じて飼育備品の貸し出しも行っています。また、飼育相談にも随時対応し、譲渡後一ヵ月までは出戻りＯＫとしています。センターで保護される動物には、もともと何らかの問題を抱えている動物もいます。譲渡後にセンターにいたときとは違う行動をしたり、譲渡先の飼育環境とあわなかったり、先住動物との相性の問題などが起きることもあります。センターとしては、個々に飼育相談を受け、アドバイスしたうえで、飼い主に「試してみたけれど、私には無理です」と

写真３－１　新潟県動物愛護センター　猫飼育室の様子

言える環境を与えることで、もらっていく人の負担を減らし、飼い主も動物もより幸せになれると考えています。

　譲渡後に飼い主がハッピーでなければ、動物もかわいそうです。アフターフォローまできちんとすることで、口コミで良い評判が広がるよう気を遣っています。

センターに足を運んでもらう工夫をする

　いくら動物を上手に飼育していても、もらってくれる人が来てくれなければ譲渡は進みません。ホームページは職員誰でも更新できるようにし、とっておきのカワイイ写真を掲載するようにしています。動物病院はもちろん、スーパーマーケットなどにもポスターを貼ってもらい、センターの譲渡事業のＰＲを行い、可能な限りマスコミへの露出もしています。

　また、毎月のように飼い方講習を行い、毎週ふれあいイベントなども開催しています。とにかく宣伝が一番大事と考え、広報に力を入れています。

動物たちのアピールの工夫

行政の保護施設というと、どうしても暗いイメージがつきまといます。ですが、また行きたい、友達にも紹介したいという施設であることも、譲渡を事業として継続していくためには必要だと考えています。そこで、ホームページにカワイイ写真を載せるだけではなく、ケージには、個々のプロフィールを手書きで表示しています（**写真3－2**）。高齢や問題行動といった譲渡に不利な動物については、その子の性格やつきあい方を表示し、来館者に向き合ってもらえるよう工夫しています。この表示は、飼育を担当している若いスタッフが心を込めて書いており、それもセンターの雰囲気づくりに大きく貢献しています。

また、成犬は「お散歩体験」、成猫は「ふれあい体験」などの企画を通じて、実際にその動物とつきあってもらうことで、飼育対象として選択してもらえるようにしています。

今回ご紹介したのはごく一部ですが、このような、さまざまな工夫を行うことで継続的な譲渡事業を実施しており、飼い主も動物も幸せに暮らせればよいと考えています。

写真3－2　スタッフ手書きのプロフィール

二　愛玩動物をめぐる全国的な現状

（一）愛玩動物に関する行政の仕事

愛玩動物に行政がなぜ関わるのか、それは、動物の愛護及び管理に関する法律（以下、動物愛護管理法と略します）、狂犬病予防法、県条例などに規定があるからです。動物愛護行政は、当初、公衆衛生行政の一部として、狂犬病予防法による野犬の取り締まりから始まりました。今でもその名残は色濃く、保健所といえば犬を捕まえて処分するところという印象を持つ方は多数おられます。実際、自治体の古い動物収容施設は、昭和の時代に野犬捕獲、処分のためにつくられた施設に手を加えながら使っているものもあり、今でも同じことをしているとの誤解を招く要因になっています。

しかしながら、愛玩動物に対する価値観の変化、度重なる法律の改正などを受け、それに応える形で収容施設や行政の取り組みは大きく変化しています。

愛玩動物に対して、行政がどのような仕事をしているのか、簡単にご紹介します。

飼育動物に関する相談対応（苦情処理も含む）

以前は、犬の放し飼いや鳴き声に関する相談が多かったのですが、最近は猫の糞尿被害やニオイに関する苦情のほか、猫をたくさん飼っている人がいて不安といった相談にシフトしてきています。また、噛みつきや排泄などの飼育相談だけでなく、あそこの家の犬が手入れもされず、散歩もしていなくてかわいそうなどといった相談も寄せられます。

これらの苦情や相談については、電話だけでなく現地へ行って双方の話を聞きながら解決策を探ることになり、何年越しの懸案事項も多数抱えているのが実態です。

犬の登録と狂犬病予防注射業務

狂犬病予防法により、生後九一日以上の犬の飼い主は、市町村に犬を登録し、年一回狂犬病予防注射を受けさせる義務があります。狂犬病は現在では国内で発生していませんが、アジア、アフリカ諸国を中心に毎年数万人の死者が出ています。ＷＨＯでは狂犬病予防接種率が七割を超えていれば、万が一狂犬病が国内に侵入した際にも、犬の間で蔓延を防げるとしていますが、実際には登録もせず注射も受けさせていない飼い主もおり、注射率の低下が危惧されています。

所有者不明犬の捕獲収容、返還

野犬や迷子の犬の捕獲は、狂犬病予防など公衆衛生上重要なことで、戦後間もない頃から力を入れて取り組まれてきました。犬の放し飼いは、狂犬病予防法や自治体の条例で禁止されており、通報があれば行政が捕獲します。近年は野犬が減り、捕獲される犬の多くが迷子の飼い犬であり、収容数が減り、返還率も向上してきました。

しかし、一部の地域ではまだまだ野犬がいて、咬傷事故なども起きています。野犬はとても警戒心が強く、捕獲するには多くの経験と技術が必要です。また、殺処分を減らすために、野犬だった犬を譲渡に向けて馴化する取り組みも行われていますが、警戒心が強く人に慣れない個体の譲渡には、スタッフや譲渡後の飼い主に危害が及ぶ可能性も含め、考えるべき課題が多いと思います。

所有者不明猫の引き取り、返還

所有者不明の猫は、行政に捕獲の義務はありませんが、持ち込まれた際は引き取ることになっています。その多くを、いわゆる野良猫の子供が占めています。環境省の統計では、行政で引き取った猫の三分の二が、所有者不明の子猫です。

野良猫なんかどこにでもいると考える人も多いでしょうが、増えて困るとか糞尿や鳴き声による苦情も多く寄せられており、地域や行政にとって、とても大きな問題です。特に、猫の繁殖力は非常に強く、妊娠期間はわずか二ヵ月、一回に四～八頭ほど産まれ、年間二～三回出産します。実際、かわいそうだと思って子猫の餌やりをしていたら、一年あまりで二〇頭に増えた、などという相談が数多く寄せられます。また、野良猫の多くは感染症や交通事故のリスクにつねにさらされており、寿命は三～五年といわれています。室内で飼育されている猫の寿命は一五年程度ですから、非常に厳しい生活を送っていることがわかります。この、自由に出産を繰り返している野良猫の課題を解決していけば、収容される猫も減り、殺処分を減らしていくことができると思います。

負傷動物の収容、返還

傷病で動けなくなった飼い主不明の飼育動物は、行政が収容することになっています。負傷動物の多くは、交通事故に遭った猫であり、通報を受けた時点で死んでいる場合は統計にも計上されません。実際、市町村などが道路上で猫の死体をたくさん回収しており、皆さんも目にすることが多いと思います。新潟県における猫の殺処分数は九〇〇頭あまりですが、新潟市の清掃部局が路上で回収している猫の死体の数から、県内で交通事故死している猫の数を推計すると三～四〇〇〇頭となり、殺処分数の数倍の猫が交通事故で死んでいます。猫を室内で飼い、野良猫が減っていけば、事故死した猫の死体を見ることがない社会になるのではないでしょうか。

飼い犬、飼い猫の引き取り

やむをえない事情で飼育できなくなった犬猫は、行政が引き取ることになっています。飼い主が行政に引き取りを依頼する理由はさまざまですが、最近では、繁殖して管理できないほど増やしてしまったケースと、高齢の飼い主が、死亡、入院したり、施設へ入所した際に引き取り先を見つけられなかったケースが多くなっています。

平成二四（二〇一二）年の動物愛護管理法改正により、繰り返し引き取りを求めたり、繁殖制限の指導に従わない場合は、引き取りを拒否できるとの規定が環境省令である施行規則に盛り込まれ、飼い主への指導がやりやすくなりました。しかし一部では、引き取りを拒否したあとのアフターフォローが不十分で、飼い主が動物の処遇に困り果てるだけとか、後始末を愛護団体に押しつけているだけといった批判も出ています。

犬や猫の譲渡（新しい飼い主募集）

行政で収容した動物を、文字通り新しい飼い主に譲渡する事業です。新潟県の取り組みは先ほどご紹介しましたが、全国的に見ても、動物愛護団体との協力や行政側の努力もあり、譲渡数は年々伸びています。

動物取扱業の監視指導

動物愛護管理法では、動物を業として取り扱う事業者を「動物取扱業」として規制対象にしています。そのうち、ペットショップやペットホテルなど営利性のある業は、「第一種動物取扱業」として登録制に、動物愛護団体が運営する保護施設など営利性のないものは、「第二種動物取扱業」として届出制になっており、これらの施設の登録事務や監視指導を行っています。平成二八（二〇一六）年度末の環境省の統計によると、全国の施設数は、第一種動物取扱業が約四万三〇〇〇施設、第二種動物取扱業が約八〇〇施設です。

動物取扱業者については、施設設備や動物の管理の方法、さまざまな記録、帳簿の備え付け、販売する場合の消費者への説明事項などが法令で定められており、それらの遵守状況を立入調査により確認し、指導しています。なかには、管理体制が不十分な施設、近隣住民とトラブルになっている施設、なかなか指導に従わない施設などもあり、繰り返し立入指導が必要な施設もあり、自治体にとっては負担の大きい業務です。

特定動物（危険な動物）飼育施設の監視指導

ライオンや毒へビなど危険な動物は、動物愛護管理法で特定動物に指定され、飼育は許可制になっており、許可事務や指導を行っています。

犬や猫の飼い方教室、ふれあい教室など適正飼養、動物愛護の普及啓発

新潟県では、犬や猫の飼い方教室を定期的に開催したり、ボランティアと協力しながら、保育園や小学校を訪問し、動物との正しいつきあい方、飼ううえでの責任などを知ってもらう動物ふれあい教室を行っています。

また、市町村の広報紙や県で作成した「今どきの猫の飼い方」「今どきの犬の飼い方」といったチラシなどを回覧、配布することで、猫の室内飼育や繁殖制限の大切さ、犬の登録や放し飼いの禁止などを広報しています。

さらに、動物愛護週間や新規事業のＰＲの際には、県の広報番組や記者クラブへの情報提供を行い、可能な限りマスメディアにも出ています。

このような、動物愛護や適正飼養の普及は、不幸になる動物を減らしていくために、最も大切なことだと考えています。全国の自治体でも、地域の実情にあわせ、さまざまな事業を行っています。

(二)愛玩動物をめぐる変化

総務省によると、平成二九(二〇一七)年四月一日現在の一五才未満の子供の数は一五七一万人です。一方、日本ペットフード協会の推計によると、国内で飼育されている犬猫の数は、あわせて約二〇〇〇万頭です。ここには、野良犬や地域猫といった、飼い主がはっきりしない動物は含まれていませんので、これを加えれば、人間社会のなかで暮らしている犬猫はもっと多いことになります。私たちは、子供の数より犬猫の数のほうが圧倒的に多い社会に暮らしているのです。

ペットの飼い方も、番犬やねずみ捕りなどの人の暮らしに役立たせることを目的とした時代から、今や「かけがえのない家族の一員」「人生のよきパートナー」へと変わり、大切に飼育する人が増えてきました。それにともない、飼い主のマナーも向上しています。

その影響もあって、わずか一〇年間で、犬や猫の殺処分頭数は大きく減り、収容された犬猫の返還・譲渡率は伸びています。殺処分については、良い印象でとらえられない報道が多いのですが、統計を見れば改善に向かっていることは明らかです。平成二八(二〇一六)年度の数字を一〇年前の平成一九(二〇〇七)年度と比較すれば、犬の殺処分頭数は八九パーセント減、猫の殺処分頭数は七七パーセント減、そして犬の返還・譲渡率は二三パーセントから七四パーセントへ上昇、猫の返還・譲

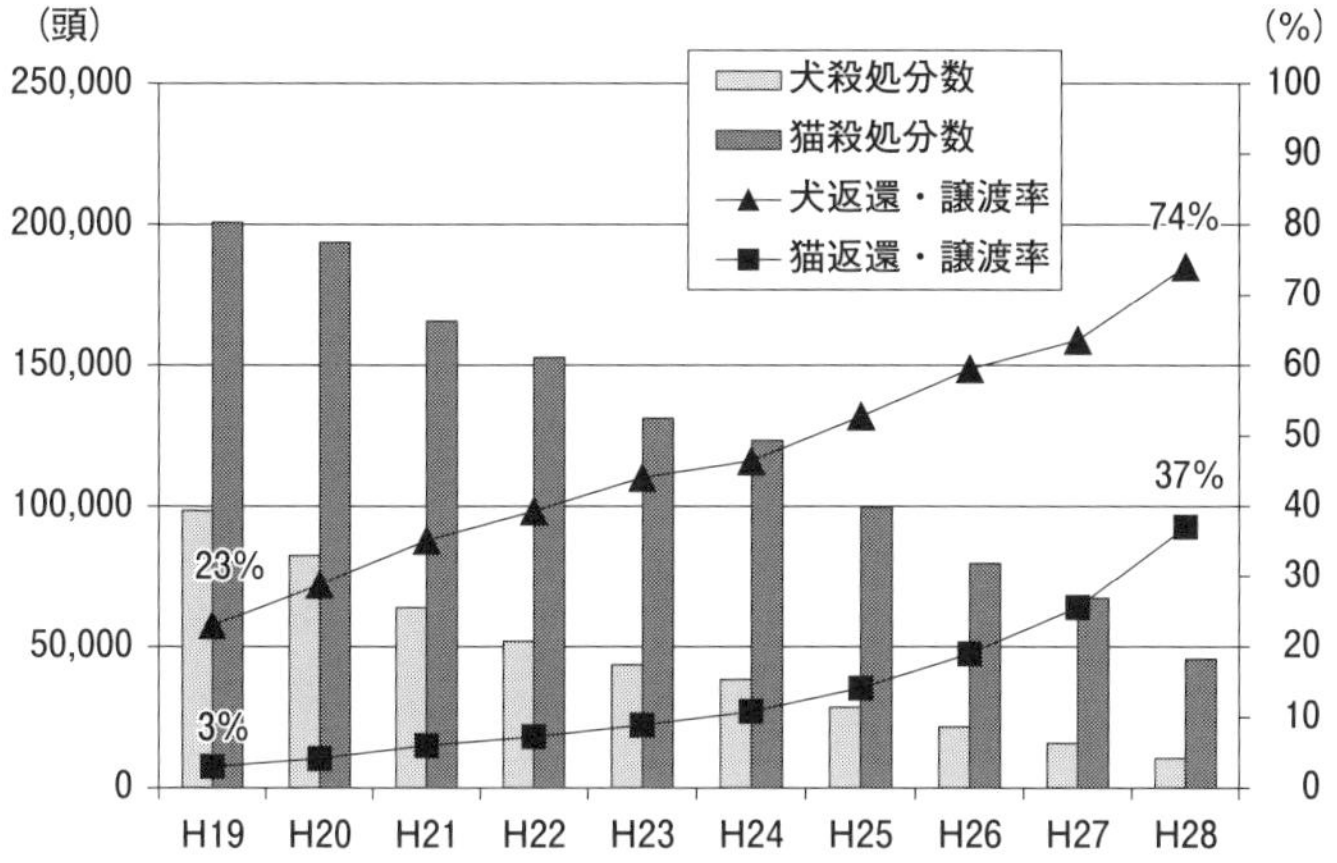

図 3－1　犬猫の返還譲渡率の推移（環境省動物愛護管理行政事務提要より作成）

渡率は三パーセントから三七パーセントへ上昇と、驚くほど大きく変化しています（**図3－1**）。

これだけの変化を一〇年前に想像できた人はいないと思います。私も、実際に十数年前は年間一〇〇〇頭を超える犬や猫の殺処分を担当していましたが、こんなに変わるとは思っていませんでした。驚くほどの変化であり、ビジネスモデルならば大成功です。まずはこの変化を喜んでもよいのではないかと思います。

飼い主の意識は着実に変化してきています。一〇年ちょっと前なら、「猫を家の中で飼ってください」「不妊去勢手術をしてください」と言っても、「猫は外で飼うものだ」「自然にまかせる」といった答えが返ってきましたが、今は皆さん理解してくれます。昔は、子猫が生まれたからと、引き取りを依頼するおばあさんに飼い方の指導をしていたら、「そんなに面倒なことを言うなら川に行って捨ててくる」と言って電話を切られることもありましたが、もうそんな方はいなくなりました。明らかに意識が変わってきたのです。

行政も変わってきています。殺処分を減らしたい、一頭でも助けたいと思うのは行政も同じです。新潟県動物愛護センターでは、年間六〇〇頭以上の犬猫を一般の飼い主さんに譲渡し、できるだけアフターフォローもしています。行政も努力し、ボランティアや動物愛護団体との信頼関係が生まれ、協力ができるようになり、住民の意識も変わってきました。日本中でこんな変化が起こっているのだと感じています。

三　愛玩動物をめぐる全国的な課題

愛玩動物に対する接し方が、以前に比べ良い方向に変わってきたことは事実ですが、まだまださまざまな課題が山積しています。そのうち、ここでは四つの課題について考えてみたいと思います。

(一) 飼い主のいない犬や猫

第一の課題は、飼い主のいない犬や猫をめぐる問題です。

犬や猫は野生動物ではありません。今は所有者がいないとしても、もともとは捨てられたり、迷子になったりした動物やその子孫であり、動物たちに罪はありません。多くは、過酷な生活を送っており短命です。野良猫たちをよく観察すると、若いのに毛艶が悪かったり、目やにや鼻水が出ていたり、痩せている個体も多く、若い猫が長生きできずに次々と世代交代していることがわかります。それは、とても不幸なことだと思いますし、本来は人と一緒に暮らすべき動物なのだと実感します。餌をあげるだけでは病気も寒さも克服できません。むしろ、どんどん子供が増え、不幸の連鎖が続いてしまいますので、捕獲して不妊去勢手術を施していくことが解決のカギになります。生まれる数が減れば野良猫も減り、不幸な猫は減っていくはずです。

新潟県には一〇年以上前から野犬はいません。冬に雪が積もり、越冬が厳しいことと、昭和の頃に捕獲を徹底したことが大きな要因です。野犬が少なくなってくると、つながれていない犬を見ることも減ってきます。犬を捨てることや、放し飼いへの世間の目が厳しくなるため、飼い主のマナーも良くなり、放れている犬はいなくなります。そうなると、行政で収容する犬も減り、殺処分も減っていくことになります。こんなことが、猫にも起きればよいと思っています。いつか、交通事故に遭う猫を見ることがなくなり、屋外で野良猫を見かけない、そんな時代が来ることを願っています。

(二)　多頭飼育、多頭飼育崩壊

第二の課題は、多頭飼育といわれる状況や、それが破綻する問題です。

多頭飼育とは、ペットが不適切な状態で多数飼育されているもので、多くは過剰繁殖の末に飼い主の生活が破綻して飼育困難となり、多頭飼育崩壊と呼ばれる状況になります。ほとんどの場合、近親交配を繰り返し、過密な飼育環境で十分な餌ももらえず、糞尿が堆積する不衛生な環境で、病気に

表3－1　多頭飼育者からの猫の引き取り（新潟県動物愛護センター）

	猫の引き取り申請をした多頭飼育者数	多頭飼育者からの引き取り頭数	猫引き取り総数	多頭飼育者からの猫の割合
平成24年度	12	195	550	35%
平成25年度	19	324	679	48%
平成26年度	20	439	637	69%
平成27年度	8	184	414	44%
平成28年度	15	217	438	50%
合計	74	1,359	2,718	50%

（注）１人から年間10頭以上引き取りをした場合を多頭飼育者として集計。

なっても治療をしないというネグレクト状態になっており、動物福祉という観点から大きな問題があります。飼い主は社会から孤立し、動物に依存していて、飼い主自身も社会福祉の観点から問題を抱えていることが多いです。どこの自治体でも抱えている問題で、決して珍しいものではありません。

新潟県動物愛護センターのデータでは、平成二四（二〇一二）年度から平成二八（二〇一六）年度までの五年間に、一〇頭以上の猫を引き取りに出した飼い主は七〇人を超え、頭数ベースでは引き取りの半数を占めています（**表3－1**）。一人で一〇頭以上ですから一回の出産ではありません。三〇頭を超える多頭飼育になっている方もいれば、多頭飼育予備軍のような方もおり、生活に支障を来してセンターに相談してこられるわけです。

繁殖制限をせずに、そのような状態に陥った方については、法令上は引き取りを拒否することもできますが、金銭的な状況も含め、十分な世話や管理ができない状態ですので、指導しても改善は望めません。実際に訪問してみると、糞尿が堆積して悪臭が立ちこめ、とても人が住める環境ではなく、よくここで食事をしていたと驚くことも珍しくありません。

増やしてしまった方の自己責任ということもできるかもしれませんが、ほとんどのケースで飼い主の方はさまざまなハンデを抱え、経済的にゆとりがなく、自分で改善できる見通しが立たない状況です。外部から何らかの介入をしなければ、本人の生活も、動物たちの福祉も悪化していくだけです。都会のように、実力のある動物愛護団体が複数あれば、協力を依頼することもできますが、新潟県のような地方では、そのような解決方法は望めません。結局、行政で引き取って、可能な範囲で治療や馴化をしながら、新しい飼い主を探していくしかありません。

新潟県内でも、飼い主の意識やマナーは向上し、行政で引き取らざるをえないケースは減っていますが、そのなかで多頭飼育者からの引き取りは年々大きな問題となっています。猫の繁殖力はとても強く、わずか一～二年で多頭飼育に陥る飼い主は多いのです。多頭飼育者のなかには、高齢者が社会的に孤立しているケースや、精神疾患や発達障害などを抱えているケース、経済的に困窮して生活保護を受けているケースなどもあり、動物の問題である前に、人の福祉の問題でもあります。今後は、動物分野だけでなく、市町村の福祉担当者と連携しながら、課題解決にあたる必要があると思います。

(三)　動物取扱業（ブリーダーとペットショップ）

第三の課題として、動物取扱業をめぐる問題にも触れておきたいと思います。ここでは第一種動物取扱業のうち、犬や猫の繁殖業（ブリーダー）と販売業（ペットショップ）の問題について、業者側、行政側、消費者側の三つの視点から考えたいと思います。

業者側の問題

犬や猫の繁殖をしているブリーダーと販売をしているペットショップは、平成一一（一九九九）年の動物愛護管理法改正により届出制になるまで、法的規制はありませんでした。その後、法改正のつど規制強化が必要との議論があり、平成一七（二〇〇五）年に登録制となり、平成二四（二〇一二）年には犬猫の繁殖販売について、さらに規制が強化されています。

まず、ペット販売の流れについて知っていただきたいと思います（図3－2）。ペットショップは販売している犬や猫をどこから仕入れているでしょうか。最も一般的なものは、ペットオークションといわれる犬や猫の競り市です。オークションでは、大きい会場になると一日一〇〇〇頭もの犬や猫がブリーダーにより持ち込まれ、ペットショップの仕入担当者による競りによって値が付けられ、売り買いされています。ペットショップの側に立って考えると、店頭で売れそうな犬猫、すなわち消費者が求めているものを選んで仕入れることができるシステムになっていると言えます。一方ブリーダー側から考えると、オークションに持っていっても、今現在売れ筋の犬猫でないと売れない、消費者が一目惚れするような見た目の犬猫は売れるけれども、そうでないと値が付かない、ということになります。

ブリーダーには、施設の衛生管理や適正な繁殖管理が求められるはずですが、オークションでその部分が高く評価されるか疑問です。また、現在のシステムでは、実際にペットを購入して飼育している消費者がブリーダーの施設を見ることもありませんし、質問や苦情が届きませんので、改善が進みにくい構造です。

ペットショップのなかには、プロとして動物に関する知識も豊富で、販売後のアフターケアを考えている小規模な施設もあります。しかし、一〇頭程度の動物をきちんと飼育展示していても、消費者の購買意欲に火が付くことが少なく、なかなか売れません。一方で、移動販売のように数百頭もの犬猫を展示している大規模な仕掛けが行われる施設で、多くのペットが売買されています。

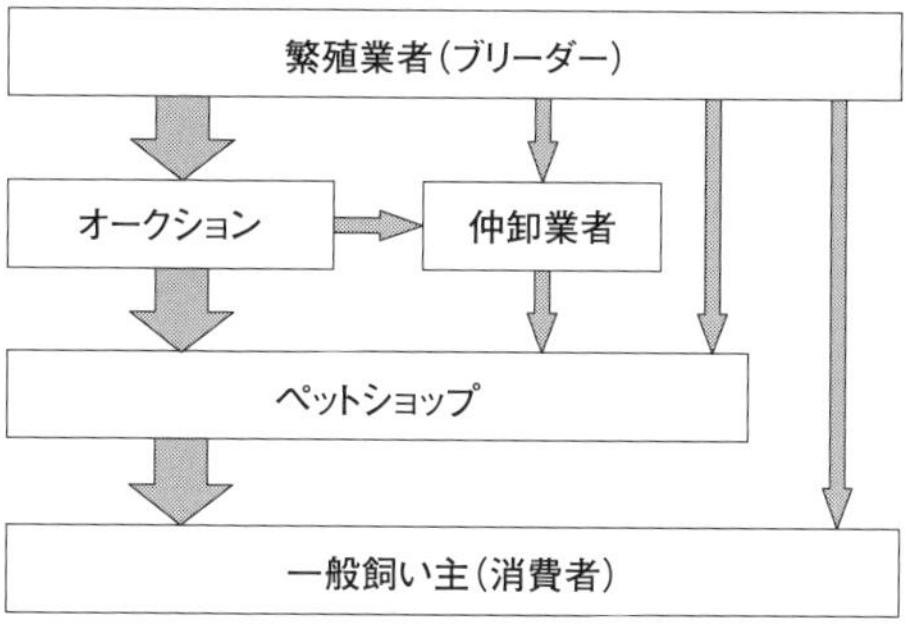

図３－２　ペット販売の流れ

行政側の問題

動物取扱業の規制は法改正のたびに大きく変化し、行政側の負担は増えていますが、一方で公務員全体を減らす流れのなか、職員数は減少傾向です。保健所や動物愛護センターの職員は専門職として取り締まる立場ですが、はじめて担当になるまで動物取扱業について学ぶ機会はほとんどありませんし、数年で転勤するため専門性のある職員は育ちにくい環境です。保健所では、食品衛生・環境衛生行政との兼任ですし、動物愛護センターであっても、動物取扱業の取り締まりばかりをしているわけではありません。

また、ブリーダーでの飼育環境が劣悪だとの通報があり、現地を見に行った場合でも、一日中ケージから出さないから虐待といえるわけではないし、基準では「一日一回以上の清掃」が義務づけになっており、ケージ内に糞があり汚れていても、営業停止にできるわけではありません。見た目で「かわいそう」と思うような状態であっても、明確に基準違反や虐待にあたるとまではいえない事例が多く、強い指導や行政処分が難しい状況です。取り締まる側のスキルも未完成であるといえるのではないでしょうか。

消費者側の問題

動物愛護センターでさまざまな飼い主さんに接していると、動物を飼う前に十分な知識を備えている人は少ないと感じます。好きなタレントが飼っている、テレビコマーシャルで気に入った、ペットショップで目があった、などといった衝動的な理由で購入を決める方も多いです。本来は、その動物、品種の生態的な特徴や病気のリスク、飼育にかかる手間や経費などをきちんと把握し、自分の家庭で飼う動物としてふさわしいか、犬猫なら一五年先まで考えて最後まで面倒がみられるか、よく考えたうえで飼うべきだと思います。

平成二四（二〇一二）年の動物愛護管理法改正で、動物愛護団体の強い要望もあり、幼齢動物の販売規制が設けられ、現在は、生後四九日を経過しない犬猫の販売は禁止されています。この規制は、あまりに早く親兄弟から離して一匹だけで育てると、他の動物や人間とのコミュニケーションを学ぶ機会がなくなり、問題行動を起こしやすくなることが理由の一つです。しかし、消費者の多くは、子犬や子猫が親兄弟と過ごす時間の大切さを知りませんし、母親のもとでの飼育環境に興味も持ちません。今でも乳飲み子の頃から育てないと飼い主に懐かないと信じている人が多く、見た目がかわいくて、少しでも幼い赤ちゃんを求めています。流行の品種や珍しい毛色、通常より小さい体型のものを珍重し、それにともなう繁殖リスクを考える人はほとんどいません。

ペットショップも、よく見れば管理状態の善し悪しはあるわけですし、話をすれば、店員が動物に詳しいのか、購入後の相談ができそうか判断できるはずです。幼い動物を輸送すれば、体調を崩すことも多くなるし、一時的にたくさんの犬猫を販売する形態では、購入後のフォローが不十分になることは予想できます。しかし、「たくさんのなかから選びたい」「珍しい犬種を置いているので見ていて楽しい」「格安の犬猫が置いてある」というような理由で、多くの消費者は大規模な販売形態の店舗で購入しています。消費者の多くが衝動買いせず、購入前にきちんと勉強し、知識を持って判断するようにならないと、問題は解決しないと思います。業者は、消費者の求める犬猫を販売しているわけですので、良い業者を選び、育てるのは、消費者側にも責任があると思います。

（四）災害時のペットの取り扱い

第四に、災害時のペットにどう対応するかという課題が本格的に議論されるようになっています。

国内では、毎年のように地震や水害といった災害が発生し、時折災害時のペットの取り扱いが問題となります。私も、平成一六（二〇〇四）年の新潟県中越地震の際は、本庁の動物担当として被災動物とその飼い主さんの支援活動を行いました。災害対応は、実際にやってみないとわからないことも多く、経験は貴重なものだと思っています。ですので、現在も、当時の経験や災害時の動物救護対策、飼い主が行うべき防災対策について、さまざまな場所で講演させていただいています。

なぜ被災動物の支援活動を行うのか

災害発生時は、まずは人命最優先ですから、ペットのことは後回しになります。しかし、家族の一員として一緒に暮らしているペットを残し、自分だけ避難することはできないと考える飼い主さんは数多くいます。ですので、ペットも一緒に避難できる態勢を整えておかないと人の避難が遅れ、人的な被害が拡大してしまうおそれがあります。また、同行避難を前提に、被災者が可能な限り自分のペットを守り、世話をして共に暮らしていけるように支援することは、被災者の心のケア、生きる力にもつながります。

最近の大規模災害では、行政と獣医師会、地元の動物愛護団体により、都道府県単位で「動物救護本部」を立ち上げて募金を集め、募金をもとに協力してさまざまな支援活動を行うことが一般的になってきました。災害時は、行政のマンパワーは不足し、十分な活動ができないことは目に見えています。平時から災害を想定した協力体制をつくり、募金やボランティアを活用する仕組みを考えておくことが求められています。

飼い主が行う、ペットの災害対策

災害時に最も大切なこと、それは飼い主もペットもケガをせずに生き残ることです。そのためには、自宅での安全対策が重要です。飼い主がケガをしたらペットは助けられませんし、自宅にいるときに災害が起こるとは限りません。家が壊れないように、家具が倒れないように、自分もペットもケガをしないように、自宅をきちんと点検して対策をしましょう。

大規模災害の場合、行政の支援が届くまでには、短くて三日、長いと五日かかるといわれています。つまり、五日間は自力で生活するしかありません。自分も家族もペットも生き抜けるよう、事前準備は必要です。行政をあてにするのではなく、自分と家族とペットを守るため、事前準備していただくことが一番の防災対策だと思います。

災害時に一番困ること

普段から放し飼いもなく、動物たちがきちんと管理されている地域では、災害時も飼い主さんが自らの責任でペットとの避難生活を送ることになります。しかし、そうでない場合はどうなるでしょうか。

あまり報道されることはありませんが、災害時のペット対応で大変なのは、飼い主がはっきりしない動物と、多頭飼育の動物です。いずれも、飼い主が責任を持って管理できない状態ですから、行政や動物救護本部が手を出せば、何から何までやらなければならず、災害の緊急事態のなかで、とても対応できるものではありません。災害時には、野良猫や多頭飼育といった平時からの問題が顕著に現れ、結局管理不十分となった動物たちにしわ寄せが行くことになります。「きちんと動物を飼う」ということが災害対策にもなるのです。

四 「殺処分ゼロ」は数値目標か？

ところで、最近よく耳にする「殺処分ゼロ」という言葉があります。単純な言葉でインパクトが大きく、どんな人でも「なくなればいい、大賛成！」と言いたくなりますよね。さまざまな団体や自治体の首長も「殺処分ゼロ」をスローガンに掲げ、一部では「達成しました」と公表しています。この、「殺処分ゼロ」について、少し考えてみたいと思います。

（一） 殺処分の意味を知っていますか？

殺処分の定義ですが、一般的には、環境省ホームページ「犬・猫の引取り及び負傷動物の収容状況」に掲載されている、「犬・猫の引取り」表中の「殺処分数」になるのだと思います（表3－2）。この殺処分数は、動物愛護管理法第三五条に基づき地方自治体が引き取った犬・猫のうち、自治体の管理のなかで死亡した個体数です。殺処分と聞くと、収容施設のキャパシティを超えて、収容場所や管理スタッフの不足、譲渡先が見つけられないといった理由で、譲渡可能な動物を処分しているイメージですが、この統計には収容中に病死した数や、傷病での苦痛を考え、獣医師がやむなく麻酔薬による安楽死をした数も含まれています。ですので、この数字をゼロにすることは、ほぼ不可能ということがわかると思います。

表3－2　犬・猫の引取り（環境省動物愛護管理行政事務提要より）（平成28年度）

	引取り数	処分数		
		返還数	譲渡数	殺処分数
犬	41,175	12,854	17,646	10,424
猫	72,624	273	26,623	45,574
合計	113,799	13,127	44,259	55,998

（注）殺処分数には、保管中の病気などによる自然死も含まれる。

(二) 一部の自治体で殺処分がゼロになった理由

では、殺処分ゼロを達成した自治体はなぜできたのでしょうか。まず、殺処分数を公表する際に、環境省の統計とは違い、収容中に死亡した動物は殺処分から除外しています。平たくいうと、一年を通じて自ら手を下さなかった場合、「殺処分ゼロ」としています。さらに、最も大きい要因は、自治体の収容施設から動物を引き出してくれる個人や動物愛護団体の存在です。以前から、行政と団体との協力関係があり、お互いにさまざまな努力を積み重ねていった結果、ゼロになったということになります。動物愛護団体の数や実力は地域によって大きく違いますので、全国一律で同じことはできないと思います。都会の施設では、犬猫の譲渡先の九割が愛護団体といったことも起きています。

(三) 殺処分ゼロの達成にこだわった場合の副作用

「殺処分ゼロ」という結果だけが賞賛され、他の自治体にも、「殺処分ゼロ」という結果が求められ、それを無理にでも達成しようとした場合どうなるのか考えてみます。

まず、引き取りをしなければ、そもそも処分する動物はいませんのでゼロになります。終生飼養の啓発も行政の仕事ですので、飼い主からの引き取りを断ることもできるのですが、どうにもならずに相談してくるケースも多く、断っても適正飼養してくれるとは限りません。数字にはなりませんが、断ったあとのアフターフォローの内容がとても重要だと思います。

次に、引き取った動物をすべて譲渡できれば殺処分はゼロになります。引き取った動物のなかには、重病であったり、強い攻撃性があるもの、衰弱していて成育が困難であるなど、一般家庭ではとうてい飼育できない動物もいますが、これらをすべて譲渡できればいいわけです。生まれたばかりで衰弱している猫が譲渡直後に亡くなっても、譲渡先が過密飼育で感染症などの問題が起きていても、殺処分ではなく譲渡にカウントされ、殺処分はゼロになります。たしかに、噛みつき犬でも私が面倒をみて頑張るという人もいますが、噛まれて大けがをしても行政に戻すこともできず、人も犬も幸せとはいえない状況になったり、行政から譲渡を受けた団体が多頭飼育状態となり、破綻してしまうことも起きています。譲渡する側も、もらう側も互いに責任があります。無理な譲渡にならないよう、自治体にはきちんとコントロールする義務があると考えています。

最後に、施設内で死亡するまで飼育を続ければ殺処分はゼロになります。新潟県も含め、ゼロやゼロに近い数字になった自治体の収容施設は、もらわれにくい高齢動物が多く、処分はゼロでも死亡数が多くなります。自治体の施設は動物の出入りも激しく、とてもストレスの多い環境です。私は、再出発のための準備期間は、数週間から数ヵ月程度だと考えており、税金で運営している以上、自治体の施設は年単位での長期飼養や、譲渡の見込みが立たない動物を終生飼育するべきではないと思っています。

ちょっと刺激的な内容になりましたが、「ゼロ」という数字にこだわり、何が何でもゼロにする、という目標にすると、こんなことが起こる可能性があるのです。「殺処分ゼロ」の流れに、自治体も愛護団体も振り回されてはいけないと思います。

(四) 人と動物が幸せに暮らす社会の実現プロジェクト

「殺処分ゼロ」を目指す動きは以前からありましたが、大きく注目を浴びるきっかけとなったのは、平成二五（二〇一三）年に環境省が立ち上げた「人と動物が幸せに暮らす社会の実現プロジェクト」だと思います（図3－3）。このプロジェクトのアクションプランには、殺処分を減らしていくための三つのポイントとして、「①飼い主・国民の意識の向上」「②引取り数の削減」「③返還と譲渡の推進」が書かれています。そして、飼い主、事業者、ボランティア、NPO、行政などが一体となって取り組みを展開、推進することで、結果として「不必要な殺処分をゼロへ」と書かれています。「不必要な」と書かれていますので、攻撃性の強いもの、傷病で苦しんでいるものなどは、動物福祉などの観点から譲渡すべきではなく、行政の立場で安楽死処置をしなければならないと思います。

　このプロジェクトが公表された直後から、環境省の方針なのだから自治体は今すぐ殺処分をやめるべきだとか、施設の犬猫は全部自分たちの愛護団体で引き受けますといった極端な動きが出ていますが、無理をすれば破綻する危険もともないます。「飼い主、国民意識の向上」が最初に書かれており、私はすぐに実現できるものではなく、関係者が協力して取り組みを進めていくプロセスと時間が必要だと思っています。地道な取り組みを進めていった結果として、殺処分がゼロになることを目指すべきではないでしょうか。

人と動物が幸せに暮らす
社会の実現プロジェクト

図3－3　環境省のプロジェクトのロゴマーク

（五）殺処分ゼロは数値目標か

　結論からいうと、「殺処分ゼロ」はスローガンであって、数値目標にすべきではないと思います。交通死亡事故ゼロ、労災ゼロ、児童虐待ゼロ、などゼロを目標に掲げているものはたくさんあります。殺処分を減らしていくために、関係者みんなで協力するというのが正しい姿であって、ゼロにするために自治体の職員や動物愛護団体、譲渡を受けた飼い主が不幸になってはいけないですし、動物たちの福祉も守られなければいけません。環境省のプロジェクトも、人と動物が幸せに暮らす社会を目指しています。

　私も新潟県の職員として、環境省のプロジェクトが始まるずっと前から、殺処分を少しでも減らしたいと思い、飼い方の啓発や譲渡に力を入れてきました。これまで取り組んできた諸先輩や同僚、そして動物愛護団体や個人ボランティアの皆さんの力で、新潟県も処分数は年々減ってきており大変喜ばしいことです。ですが、行政の本来の仕事は殺処分数を減らすことではなく、引き取りをする場合も、譲渡をする場合も、飼い主などの人も動物も幸せになるにはどうすればよいか、動物のＱＯＬ（Quality of Life）にも配慮しながら考えることだと思っています。引き取りを断り、譲渡数を増やせば数字は伸びますが、仕事の質や内容を大事にしないと、本末転倒になってしまいます。さまざまな相談に一つずつ丁寧に対応し、アフターフォローもきちんとする、このような姿勢で取り組むべきだと思います。

まとめ

　動物愛護センターでさまざまな人と関わっていると、愛玩動物の問題は、ちょっとした専門知識があれば解決できることも多いと感じます。不幸な動物を生み出すのは、自称「動物好き」な人たちです。動物の生理生態をよく知らなかったり、自分勝手な思い込みや周りへの配慮不足が、自分も動物も周囲の人も不幸な状況にしてしまいます。

動物を飼う前にきちんと勉強する、困ったなと思ったら早く専門家に相談する、それだけで多くのトラブルは回避できます。動物愛護センターも、保健所も、動物病院も、訓練士も、動物愛護団体も、困っている人の味方です。専門家を活用すれば、もっと楽しく動物と暮らせます。自分だけでなく、身の回りの人でも、ちょっと飼い方がおかしいな、あの動物かわいそうだなと感じたら、早く専門家に相談するよう声をかけてほしいと思います。

私も、獣医師として、自治体の職員として、人も動物も、飼っている人も飼っていない人も、みんなが共に幸せに暮らせるよう、動物に関する正しい知識の普及に力を尽くしていきたいと思います。

第四章　野生動物の法律、その歴史的なアプローチと課題

早稲田大学人間科学学術院
三浦慎悟

はじめに

日本には野生動物を対象とする法律が主に以下の四つあります。

(a)「種の保存法」（正式名「絶滅のおそれのある野生動植物の種の保存に関する法律」一九九三年施行、環境省）

(b)「外来生物法」（「特定外来生物による生態系等に係る被害の防止に関する法律」二〇〇五年施行、環境省）

(c)「鳥獣（保護）法」（「鳥獣の保護及び管理並びに狩猟の適正化に関する法律」二〇一五年施行、

環境省）

（d）「文化財保護法」（一九五〇年施行、文化庁）

（a）では、絶滅危惧種の「レッドリスト」をふまえて、重要な種については、法律に基づいて「国内希少野生動植物種」を指定し、保護増殖事業や生息地の保護を行っています。（b）では、農業や生態系に被害を及ぼしている種（マングースやアライグマ）を「特定外来生物」に指定し、輸入や飼養の規制のほか、防除事業が行われています。（c）は一般の種や狩猟鳥獣を対象に保護と管理が展開されています。（d）は天然記念物の指定と保護をはかる法律です（現在二一種の動物が天然記念物に指定）。このほかに、野生動物による農作物被害の防止に関しては「鳥獣被害特別措置法」（農林水産省）が、森林などの生息地の管理については「自然公園法」（環境省）や「森林・林業基本法」（林野庁）などが、関係しています。

このうち（c）「鳥獣（保護）法」（以下「鳥獣法」とする）は最も多くの野生動物を対象に、その保護と管理、捕獲と狩猟の全般を包括的に扱う、最も影響力のある法律です。この法律の歴史は古く、近代国家である明治政府の成立直後にさかのぼり、その後いくつかの後継法律の制定や改定をへて、現在に引き継がれてきました。そしてこの鳥獣法とそれに基づくさまざまな政策や施策が日本産野生動物の個体群の動向に、ときには絶滅や希少化を引き起こしつつ、大きな影響を及ぼし続けてきました。

鳥獣法は、歴史的に見て、猟銃（それは武器にもなる）の厳格な規制という警察・治安上の目的に加えて、主に以下の目的のためにつくられてきました。一つは、現在とまったく同様に、野生動物が農（林）業に深刻な被害を発生させないよう被害を最小限に抑止・防止すること。もう一つは、現在ではほとんど想像できませんが、野生動物の肉や毛皮、羽毛、その他の産品が生物資源としてはるかに重要であったことから、狩猟を奨励しつつ資源の利用と管理を進めることです。端的にいえば、基幹産業であった農林（水産）業（とその周辺産業）の振興と発展をはかることが目的でした。そこには、時代とともに変化した、日本や日本人と、野生動物との関係が凝縮されているように思われます。

近年、野生動物に対する人々の意識は大きく変わろうとしています。例えば、日本も批准している「生物多様性条約」（一九九三年締結）は、野生動物が生態系の重要な構成要素であり、それを適切に保全・管理することが締約国の義務であることを宣言していて、この義務を守ることの大切さが人々の間に着実に浸透しつつあります。野生動物の保全とは、希少種の生息地内外の保護や外来種の排除などを含む多面的で総合的な取り組みであるということが理解されるようになってきました。この一方で、農林業を取り巻く状況も変化しています。人口減少と老齢化の進行、過疎化と耕作放棄地の拡大です。これにともない、シカやイノシシなど特定種の爆発的な増加と深刻な農林業被害が発生しています。加えてクマやイノシシなどによる人身被害の多発も見逃せません。これらは野生動物の『反乱』（河合・林2009）なのかもしれません。しかもこの反乱では人間側の方が敗れつつあるような形勢に思えてなりません。だから私たちはいま〝生物多様性の保全〟と〝野生動物戦争《ワイルドライフ・ウォー》の勃発〟という複雑で困難な時代に生きています。この二つをどのように解決していけばよいのか、このことも現代の「鳥獣法」が取り組むべき大きな課題といえるでしょう。

この章では、野生動物に関する法律の代表として、この一連の「鳥獣法」を取り上げ、その果たしてきた役割を、歴史的な経緯や社会的な状況と照らし合わせながら検討し、そのうえで、鳥獣法の課題や改定すべき方向について考えてみたいと思います。日本や日本人は、野生動物にどのような眼差しを向け、どのような関係を取り結んできたのか、このことを出発点に新たな時代の鳥獣法について考えてみましょう。

一　鳥獣法の前史

(一) 江戸期の人間と野生動物

江戸期の日本には野生動物が豊富に生息していたと考えられます。このことは、江戸期に日本を訪れた複数の外国人がその日記や記録にさまざまに記述しています。例えば幕末期に長崎に滞在し、江戸へ参府したシーボルトは、旅の途中でカワウソやトキ、大型ツル類を目撃し、ラッコやカモシカ、オオカミの毛皮を見分し、そのいくつかを購入しています。野生動物が豊富だったことは意外な文書からも読み取れます。一八五四年に「日米和親条約」がアメリカ合衆国（ペリー）との間に結ばれますが、その後、下田で一三条からなる付帯協定（「下田条約」）がつくられます。その第一〇条に、外交文書としては似つかわしくない文言が入っているのに気付きます。「鳥獣猟遊は禁止、アメリカ人も伏すべし」。条約締結後に多数のアメリカ人が上陸し、銃を面白半分に撃ちまくったのでしょう。「猟遊《シューティング》」の表現にそのことが見て取れます。これに対し、協定は断固としてお灸を据えようとしたのでしょう。

それではなぜ江戸期日本には野生動物が豊富だったのでしょうか。理由としては、第一に、「生類憐みの令」を筆頭に「殺傷禁断政策」が一貫して遂行されてきたこと、第二に、幕府や藩が各地に「鷹場」や「猟場」を持っていて、（将軍や藩主が狩猟するために）庶民の狩猟を厳禁していたこと、が挙げられます。農民による密猟は、小鳥を一羽獲っただけでも、ほぼ極刑（斬首獄門、死罪、場合によっては遠島）に処されました。この徹底した規則によって、江戸期の山野は野生動物の天国だったのです。

（二）江戸期の野生動物問題

このため、特に農業生産の場面では深刻な事態が進行していたといってよいでしょう。シカ、イノシシ、ニホンザル（以下サル）などの野生動物による被害問題です。農業は生態系のなかにいわば「餌場」をつくる営為といってもよいので、加害動物が繰り返し押し寄せてきました。農民はこれに対し以下のような方法で対抗しました。

一つは、田畑に動物を入れない防除作戦です。交代で寝ずの番をする「番小屋」、木材の「柵」、石や泥の「シシ垣」などです。柵は現代にも引き継がれ、鉄のフェンスや電気柵に取って替わりました。

シシ垣は主に関東以西で発達し、土塁や石垣を築き、野生動物の生息地と人間の生活圏とを区切りました。多くの地域では、ほとんど原型をとどめませんが、小豆島では延々一五〇キロにも達していたことがわかっています（花井 1995：高橋 2010）。

二つ目は「脅し鉄砲」です。これは許可をもらって空砲を撃つもので、追い払い作戦です。中世期、この鉄砲（火縄銃）は、通常、要請に応じて代官から貸与されるのですが、この一方で、再三の「差出命令」（「刀狩り」）にもかかわらず、驚くほど多数の鉄砲が各地の農村には隠匿されていたことが知られています（塚本 1983：武井 2010）。江戸期の日本は世界最大の鉄砲保有国だったとの推定があります。鉄砲は「武器」である以上に「農具」だったのです。

三つ目は領主や代官に直訴して、幕府や藩が抱えていた猟師に有害駆除をしてもらうことでした。いわば〝役人猟師《ガバメント・ハンター》〟による出張捕獲で、幕府には「鉄砲方」という部署があり、シカやイノシシの農業被害、オオカミによる家畜や人身被害に猟師を派遣した記録が残っています。地方の藩でも専門猟師の有害駆除の派遣が多数記録されています。お役所仕事なので、要請に応じて迅速対応というわけにはいかなかったようですが。

四つ目は、こうした直訴が繰り返されると、藩総出の大規模な有害駆除になったこともありました。それはときに、領主の権威の誇示や軍事演習を兼ねての大規模な狩猟に発展しました。こうした記録は盛岡藩、仙台藩、秋田藩、岡山藩に残っていて、数千人の勢子（農民）を動員して、いっきょに一〇〇〇〜二万頭以上のシカが捕獲されました。一八世紀初頭、対馬藩では、島民を総動員してイノシ

図４－１　各地にあるオオカミの「お札」。①三峰神社（秩父）、②御嶽神社（東京都）、③和見王勢籠神社（山梨）、④山住神社（静岡）。
（③と④は http://www9.plala.or.jp/sinsi/07sinsi/fukuda/ohkami/ohkami-07.html より、閲覧 2017.11.25）

シやシカを捕獲したり、崖から追い落とす「根絶作戦」が行われました（陶山 1709 頃）。

このほかには農民は「講」（信仰を同じくする団体）をつくってオオカミ（や山犬）を祀る神社（三峰神社や御嶽神社などはこれらの動物を神の従者として崇めた）にお参りし、その御札（**図４－１**）を家の戸口や田畑に張ったり、かざしたりしました。効き目はなかったでしょうが、神にすがるしか選択肢はなかったのです。おそらく農民の意識の底には野生動物に対する恨みや反発が定着したと思われます。その一方で、人々は、さまざまな野生動物を寓話や民話、祭礼や芸能に登場させ、ときには神の使いとして遇してきました。捕獲すべき害獣の対極に愛すべき隣人として受け入れてきたのです。この二律背反《アンビバレント》は、日本人の野生動物に対する精神を考えるうえでとても興味深く思われます。ともあれ、江戸期の野生動物の豊富さは人々（農民）の苦しみのうえに成立していたといえるでしょう。

二　近代の野生動物法

明治政府が一八六八年に成立し、一八七二（明治五）年には「鉄砲取り締まり規則」が、翌一八七三年には「鳥獣猟規則」が制定されます。廃藩置県が一八七一年ですから、新体制が十分に確立していない、しかも各地で騒乱が頻発している時期に、いち早く猟銃や狩猟に関する法律が整備されていることが注目されます。これには、武器としての銃を規制することの緊急性に加え、江戸期に被害や懲罰に泣かされてきた農民の強い不満と要請があったことが指摘できます。一八八〇年には国産の近代銃（村田銃）が開発され、ほどなく自由に手に入るようになりました。この鳥獣猟規則では、銃猟は免許鑑札制で、期間は限定された（猟期）ものの、すべての野生動物は、住宅地や公園、公道、田畑といった場所を除き、狩猟できました。また、一八九六（明治二九）年には「民法」がつくられ、野生動物は「無主物」、つまり「所有者がいない物」とみなされ、「無主物先占」の原則（第一九五条、所有の意志をもって最初に占有した者が所有権を獲得）が確立します。このことは野生動物が土地の所有者の占有物と解釈される欧米とは違っている点で、注目されます。この原則は現代にも引き継がれています。野生動物の自由な狩猟と所有、一部の裕福な農民が猟銃を抱えて猟師《ハンター》になり、空前の狩猟ブームが巻き起こります。この結果どのようなことが起こったのか、このことを雄弁に語ってくれる野生動物がいます。トキです。このトキを代表に野生動物の動向を探ってみましょう。

(一) トキの個体数の変化

トキの最後の個体、キンが二〇〇三年に死亡し、日本産トキは絶滅してしまいましたが、中国には生き残っていました。中国から贈られたトキは人工増殖に成功し、その後、個体数を順調に増加させています。この中国産トキを基礎に、佐渡では、二〇〇八年からトキを毎年放鳥させる事業が開始され、二〇二〇年には二二〇羽以上のトキを定着させる野生復帰プロジェクトが進行中です。現在、野外で生まれた二世個体を含め、自立できる個体群が形成されつつあります。野生復帰は生物多様性保全にとってとても大切ですが、それはさておき、日本産トキはなぜ絶滅に至ったのでしょうか。主な原因は、農薬の大量使用、土地整備事業や河川改修事業、森林伐採などによる餌の不足や生息地の減少と考えられてきました。ところが、実際にはかなり異なっていたようです。

江戸期、トキは、「ありふれた」とはいわないまでも、全国各地に普通に生息していたようです。『諸国産物帳』(一七三八年頃)では、北海道、東北、関東、北陸、山陰、隠岐、対馬に(安田 1987)、『阿波産物志』(一八二〇年)では四国に、生息していたことが確認できます。一八二六年にシーボルトはトキの剥製を母国に送っていますが、これを入手したのは滋賀県(近江)大野で、周辺の田畑に「よく姿をみせ」と書いています(シーボルト 1897)。また『武江産物志』(一八二四年)には、東京の不忍が池や千住に生息していたことが記録されています。イギリス外交官として日本に滞在したアーネスト・サトウは、『日本旅行案内書』（一八八四年）のなかで、東京周辺ではトキは特に珍しいものではないと記していますし、アメリカ国立博物館や自然史博物館のトキの標本は一八三〇年代に千葉県の下総や手賀沼で捕獲されたものでした（安田 2002）。

しかし明治期に自由になった狩猟によって、いくつかの野生動物種の個体数は目立って減少したようです。このことに対応して一八九二年に「狩猟規則」（狩猟法）が改定され、「保護鳥獣」が指定されることになりました。現代では、指定されるのは「狩猟鳥獣」ですから、当時の発想が逆だったことがわかります。ツル類、ツバメ類、一歳以下のシカなど一五種類が保護鳥獣として指定されましたが、トキはなお「普通種」として認定され、狩猟対象のままに据え置かれました。この普通種であったトキが二〇世紀に入ると、断片的な記録は残すものの、突然に姿を消してしまうのです。一九一〇年代には各地から「いない、珍しい」といった報告に変わると、一九二〇年代には確実な繁殖記録はぷっつりと途絶えてしまい、絶滅したのではないかとさえ推測されてしまうのです。一九二七年には佐渡においてさえ「トキ発見」には懸賞がかけられたほどでした。

それでも幸運なことに、一九二五年には五羽の生息が能登半島で、一九三〇年代には佐渡でもあいついで再発見され、一九三四年には旧文化財保護法により「天然記念物」に指定されました。しかし、合計でも四〇羽に満たない数と推定されるほどで、絶滅の危機にあったのは間違いありません。気づいたときには、ほぼ絶滅状態。それは、大規模な環境破壊や農薬使用が始まるはるか以前、約四〇年以上も前のことでした。このあとは第二次大戦の混乱期に入り、トキは再び忘れ去られましたが、幸

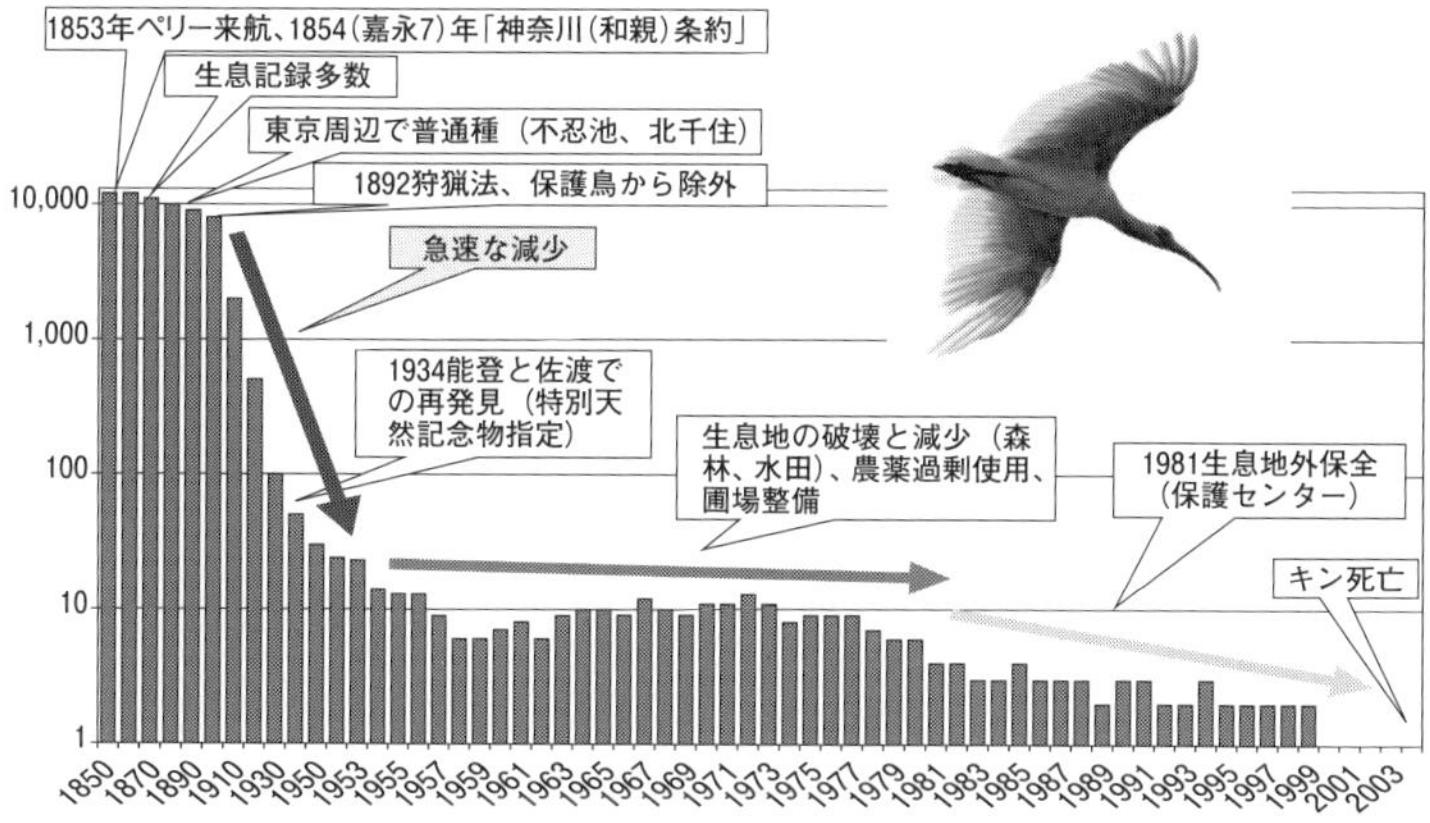

図 4－2　トキの個体数の変動。明治期末（1890 年代）から昭和初期（1930 年代）にかけて個体数が激減する。生息地の破壊や農薬の過剰使用はその後に発生する（トキの写真は関谷國男氏による）

いにも小さな個体群が能登と佐渡には存続していました。

この波乱の動向をグラフに描いてみましょう（図4－2）。縦軸は対数にしてあります。普通種であった時代、何羽いたのかはもちろんわかりませんが、ここでは一万羽（前後か以上）としておきましょう。一九三〇年代の再発見以降の生息数は、これまでの記録をもとにまとめたもので、能登では一九七〇年代はじめに絶滅、一九八一年には佐渡でも全鳥捕獲され、以後はトキ保護センターでの飼育個体数となります。

こうしてみると、私たちが、農薬の過剰使用や生息地の破壊により最も著しく個体数が減少したと考える一九六〇年代から一九八〇年までは、個体数はもちろん変化しますが、その変動の幅は小さく、むしろ安定していたことがわかります。日本産トキの母個体群、その「本体」をいっきょに絶滅の淵へと追いやったのは、一八九〇年代以降から一九三〇年にかけての大きなギャップ期、主に明治の後期にあったことがわかります。この空白の約四〇年間にいったい何が起こったのか、問題はここにありそうです。

この激減はトキだけの現象ではありませんでした。コウノトリ、ツルなどの大型鳥類、アホウドリ、カワウソ、ラッコ、アザラシ類などが、ほぼ似たような軌跡を描きながら、絶滅への道を突き進んでいきました。明治後期にいったい何が起こったのでしょうか。どうやら日本だけの問題ではなさそうです。世界に目を転じてみましょう。

(二) 野生動物の乱獲と日本

中世の北半球は日本を含め世界的に温暖でしたが、その後、徐々に寒冷化していき、一六世紀には「小氷河期」に、一八世紀には「マウンダー極小期」という厳寒期になり、世界的に飢饉が多発しました(日本でも「江戸四大飢饉」が発生)。人々は食糧にも飢えましたが、同時に、防寒着や暖かな衣類も羨望の的でした。最適だったのは野生動物の毛皮で、ヨーロッパでは毛皮ブームが起きていました。けれどヨーロッパでは毛皮獣は獲り尽くされていたため、もっぱら海外からの輸入に頼っていました。一六世紀まではスカンディナヴィア半島やノブゴロド(ロシア)から(ハンザ交易によって)、一七世紀以降は未開の地、北米大陸からでした。

イギリスやフランスは、北米では最初、ネイティブ・アメリカン(インディアン)から、安物のビーズやヤカン、酒、ナイフや銃との物々交換で、各種野生動物の毛皮を大量にヨーロッパに輸入しました。次の供給の担い手はヨーロッパからの初期開拓者たちで、彼らは野生動物の肉と毛皮で生計を立てました。そして最後が毛皮商や毛皮会社で、多数の移民者やインディアンを雇いながら各地で毛皮獣を捕獲し、毛皮をかき集めました。その一つが、現在カナダの大手スーパーマーケット〝ベイ〟で、その前身は、毛皮交易を目的にした世界最初のイギリス国王勅許の株式会社、ハドソン湾《ベイ》株式会社（ＨＢＣ）でした。この会社は各種野生動物、なかでもビーヴァーの毛皮を大量に母国へ輸出して莫大な収益を上げました。ビーヴァーの毛皮は衣類やビーヴァーハットに加工され、後者は当時ジェントルマンの間で大流行しました（**図４－３**）。一八世紀後半に独立したばかりのアメリカは一〇〇万頭を超えるシカ皮や野生動物の毛皮をヨーロッパに輸出し、国の礎を築きました。今日、世界経済と金融を左右する巨大都市、ニューヨークは、野生動物の毛皮を積み出した東海岸の小さな港でした。

　この毛皮ブームは、羽毛、飾り羽、剥製などさまざまな動物産品

図４－３　18 世紀から 19 世紀にかけてヨーロッパで大流行したビーヴァーハット（上）と、19 世紀に大流行した女性用羽毛の帽子（下）
（http: //www. metropostcard. com/topicalsh.html より、閲覧 2017.11.25）

を巻き込んでの空前の野生動物ブームに発展していきました。なかでもすさまじかったのは、女性用の羽毛帽子で、一九世紀後半に大流行になりました（図4－3）。マンハッタンで出会った女性の帽子で四〇種以上の〝バードウオッチング〟ができたといった逸話が残っています。ロンドンの羽毛商は、あるオークションで三六万羽以上のアジア産鳥類を買い取った書類を残していましたが、このなかに、トキやコウノトリを含めた日本産鳥類が混じっていたことは疑いありません。鳥獣行政の資料をまとめた『鳥獣行政のあゆみ』（林野庁 1969）という本では明治二〇（一八八七）年前後の野生動物の状況を次のように記述しています。「海外への標本用あるいは婦人帽の飾羽用として鳥類の需要が増えたため、密猟や濫獲がしきりに行われている」とか「トキの翅羽は羽箒や毛鉤の材料として貴重な輸出品である」などです。このような時代に日本は開国し、世界の経済市場へとデビューしたのでした。お茶、絹、陶器のほかさしたる輸出産品のなかった日本では、野生動物も重要品目となり、必然的に乱獲され、輸出品として世界経済のなかに呑み込まれていったのです。

アホウドリはかつて五〇〇万羽以上が、伊豆諸島の南端、鳥島（東京都）を埋め尽くしていました。これらは毎年大量に撲殺され、寝具用の羽毛として横浜の外国商会からヨーロッパへ輸出されました。ニホンアシカは各地で乱獲されたのちに、最後まで残っていた竹島を島根県が管轄し、許可制の共同利用団体、「竹島漁猟合資会社」をつくりましたが、かえって乱獲を促進し、絶滅させてしまいました。それは漁網被害の対策ではなく、毛皮目的の狩猟でした。カワウソもまた江戸期には普通種で、この種の急激な減少もトキの軌跡に重なっています。カワウソの毛皮は、高額なテンよりさらに高価でした。ラッコも同様で、当時の日本はラッコ漁（猟）を重要な遠洋漁業と位置づけていました。興味深い証拠があります。

明治政府は「遠洋漁業奨励法」（一八三九年）を制定し、遠洋漁船に毎年一定額の奨励金を支出していました。カツオ漁、延縄漁、流網漁、立縄漁、トロール、捕鯨などが対象でしたが、一八九八（明治三一）〜一九二四（大正一三）年の二七年間の奨励金の累計第一位は、「ラッコ・オットセイ猟」の一九万円で、漁猟員一人あたりの奨励金もトップでした。大げさにいえば、日本の近代遠洋漁業はラッコ・オットセイ猟を土台に出発したといえます（二野瓶 1981）。漁業の本命が魚類ではなかったこと、資源管理にはほど遠い投機的で、前近代的な性格を宿していた（ラッコはすでに希少種だったのです！）こと、これらは日本の漁業史として記憶されてよいでしょう。なおこの奨励法の支援で、捕獲されたラッコの頭数（一八九八〜一九一一年の一四年間）は九三九頭で、おそらく千島列島の最後の集団だったのでしょう。

明治後期のトキ個体群の急激な減少は、他の多くの種類も巻き込んだ、野生動物の捕獲とその産品の利用や売買が軌道に乗ったことによって起こったのです。農林業被害の回避のための有害鳥獣の排除、そして野生動物の捕獲と利用、この二つが源流となって「鳥獣法」が形づくられ、現代へとつながっていくのです。

(三) 狩猟法の制定

明治後期の行き過ぎた乱獲と、野生動物の極端な減少を受けて、政府は一九一八(大正七)年に「狩猟法」を改定しますが、このときの基本方針は(以下は原文のまま)、

ⓐ産業上有益な種類は絶対にその捕獲を禁止する
ⓑ狩猟の対象として適当な種類は捕獲を許すが、繁殖期間のみ捕獲を禁止する
ⓒ農林業上有害な種類は自由に捕獲させる
ⓓ著しい害益のない種類は種族保存の意味から捕獲を禁止する

であり(林野庁 1969)、ⓐとⓒにその姿勢が端的に現れています。前回の改定(一八九二年)では一部を「保護鳥獣」に指定しましたが、今回は逆に「狩猟鳥獣」を指定し、これ以外は原則狩猟禁止にしました。ちなみにこの鳥獣法が改定された時期の日本の動静は、人口五六〇〇万人、耕地面積約六〇〇万ヘクタール、第一次産業への人口従事率五五パーセント。大多数の人々が農業に従事し、狩猟はその格好の娯楽と副業になっていました。

三　戦時下での野生動物とペット

この野生動物産品の利用は、戦争に向けての総動員体制のなかでさらに強化されていきました。特に日本は中国やロシアなど寒冷地の北部戦線を有していたので、軍は毛皮の生産を柱に動物政策を構築していきました。それは軍部が毛皮や皮革を一元的に統制管理し、ありとあらゆる方法でそれらを国民からかき集めることでした。その主な徴集分野としては、第一に、狩猟を奨励し、捕獲した獲物を収集しました。特にノウサギの毛皮、タヌキ、キツネなどの毛皮獣、野鳥の羽毛、イノシシの皮革などを重点的、組織的に徴発しました。猟友会などは「百万枚のウサギ皮献納運動」を展開し、都道府県に割り当て、積極的に貢献しました。この結果、ウサギを含む毛皮獣は急速に減少していきました。一九四〇年の時点で軍に供出されたのは、ノウサギ約六〇万枚、イノシシ皮八万枚、シカ皮一〇〇枚、羽毛約五〇〇〇貫（一八トン）であったといわれています（田口 2000a）。キツネやテン、イタチなどの捕食者がいなくなり、野ネズミ類が増加し、農業被害や病気の発生が懸念されたことは想像にかたくありません。このことは後年、占領軍のメモにも記録されています（Aldous 2015）。

第二に、政府は、国内産のタヌキ、キツネ、テン、イタチなどの毛皮獣の飼育法の確立と大量飼育のために大規模な養殖所を設立しました（岩手県滝沢村に設置、一九三七年）。一九三九年、一九四〇年の飼育繁殖の記録があります（毛皮獣養殖所 1942）が、二年間の生産量はタヌキ五四頭、テン二〇頭程度でした。同時に海外からはヌートリアやマスクラット、アナウサギなどを盛んに輸入し、飼育試験を行いました。

第三は、これらの毛皮獣の飼育を民間にも奨励したことです。この頃、さまざまな動物の飼育法に関する本が出版されたり、動物の飼料がたくさん販売されています。小学校ではウサギの飼育が現在も行われていますが、これは情操教育などではなく、副業のための職業訓練として始まりました（田口 2000b）。もう一つ、戦争にからめ捕られた動物の、忘れてはならない歴史を紹介しなければなりません。犬や猫の運命です。

犬の飼育もまた徹底して統制され、献納されました。一つは、軍用犬としての利用で、飼育されていたシェパード、ドーベルマン、エアデールは強制的に「帝国軍用犬協会」に引き取られ、訓練後に軍部へと分配されました。各部隊には軍犬班が設置されました。もう一つは、一般のペット犬で、これも献納運動が展開され、毛皮として処分されました。猫もこの運動に組み入れられ、毛皮が使われました。また軍や警察、農林省は一体となって野犬狩りを行い、あたかも資源のように、捕獲して毛皮にしました。戦争は生きるものすべてを駆り立て、犠牲にしました。戦争が終わったとき、国土と人間が荒廃したように、野生動物とペットもまた壊滅していました。

四　戦後の鳥獣法

敗戦後、日本はＧＨＱ（連合国軍最高司令官総司令部）に間接統治されました。ＧＨＱの顧問だったオリバー・オースチン博士は全国各地を見て回り、野生動物のあまりの少なさに驚いたとの逸話が残っています（Aldous 2015）。アメリカ人は、一回目にはその多さに、二回目にはその少なさに、来るたびごとに驚いたのでした。鳥獣法は、ＧＨＱの指導で、例えば、狩猟免許は狩猟を生業とする者に限って交付したり、アマミノクロウサギを除くすべてが狩猟獣でしたが、カワウソ、ヤマネコ、サル、メスジカを除外したり、空気銃の所持を免許制ではなく登録制にする（のちの改定でもとへ戻ります）など、その一部が改定されましたが、基本的には大正期の旧「狩猟法」を踏襲していました。

大きく改定されるのは一九六三（昭和三八）年で、名前も「鳥獣保護及び狩猟に関する法律」に改められました。「鳥獣保護区」「鳥獣保護事業計画」「有害鳥獣駆除制度」「放鳥獣事業」など現代にもつながる基本的な骨格が形づくられました。そしてその目的は、「鳥獣保護事業を実施し及び狩猟を適正化することにより、鳥獣の保護蕃殖《はんしょく》、有害鳥獣の駆除及び危険の予防を図りもって生活環境の改善及び農林水産業の振興に資することを目的とす」と謳われます。全文カタカナ書きで「蕃殖」など聞きなれない用語が使われていますが、全体として、有益な鳥獣の乱獲を防止しつつ大いに利用し、一方で有害鳥獣を駆除する、これらを通じて一次産業を振興するという、明治以来の一貫した姿勢が継承されています。

（一）鳥獣法の骨格

このことをより具体的に見ていきましょう。まず第一条に大きな柱として「鳥獣保護事業計画」が掲げられます。上記の目的に基づいて都道府県はこの計画を作成します。これは主に、①鳥獣保護区などの設置、②放鳥獣、③有害駆除から構成されていました。

鳥獣保護区などの設置

「鳥獣保護区」は、一般的に、野生動物を保護するサンクチュアリと理解されそうですが、じつはそうではありません。これは〝ゲーム・リザーブ〟を指し、ゲームは〝狩猟鳥獣〟、リザーブは〝保存〟（原義は〝取り置く、残しておく〟）で、狩猟するために維持・回復をはかるという意味になります。どちらかといえば一定期間狩猟を留保する「休猟区」に近い意味です。なぜそうなるのか、ここに鳥獣法の秘密、そして大きな問題があります。

日本では、野生動物は誰にも属さない「無主物」として定義されていることはすでに紹介しました。これは古代ローマの法規範にその源流があるとされています（小柳 2015）。この最大の利点は、いちいち土地所有者の許可をとらなくとも自由に狩猟できることにあり、狩猟を生業とする人、あるいは有害駆除を行う人にとっては好都合です。危険防止のために道路や居住地からは一定の間隔で制限さ

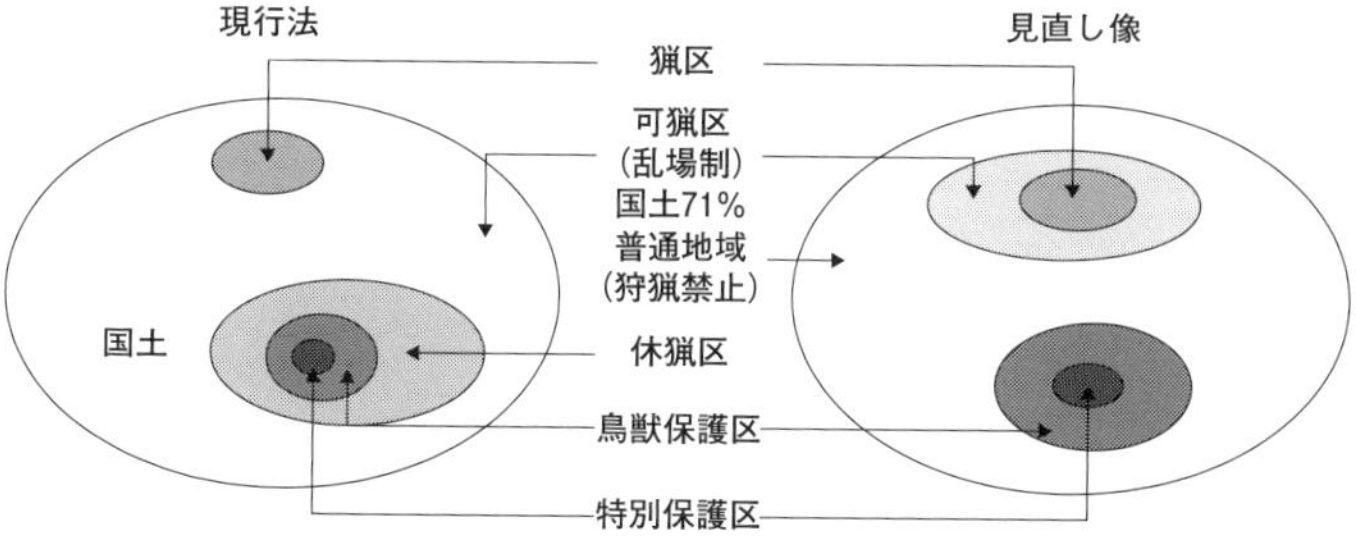

図４－４　現行法における可猟区、猟区、休猟区、鳥獣保護区と、見直されるべき土地利用の提案

れますが、（特段の指定がない限りは）基本的にはどこでも狩猟することができます。このような場所を「乱場」または「可猟区」、そしてこの制度を「乱場制」といい、現在、国土面積に占める乱場の割合は七一パーセントに達します。大まかにいえば「保護区」や「休猟区」はこの乱場に対する〝対義語〟にあたり、二つの区域とも恒久的な場所ではありません（図４－４）。やや大げさにいえば、私たちは、狩猟が暫定的に禁止された、狩猟可能な地域に生活しているのです。この乱場制は狩猟の役割をあまりに強調したアナクロニズムの国土利用といえ、見直されるべきでしょう。

私は、国土の基本は、生物多様性と野生動物は本来保全すべき対象という観点から、保全を前提とした「普通地域」として設定され、この普通地域から狩猟可能地域としての「可猟区」が、そして同様に管理狩猟地域としての「猟区」が抽出されるべきだと考えます（図４－４）。これに対応して現行の「保護区」は全面的に廃止、見直されてよいでしょう（なぜなら普通地域が保全地域だから）。この普通地域のなかから、生態系の多様性やまとまり、生息地の安定性や長期性、連続性や移動経路などを勘案して、「野生動物保護区」

や「特別保護区」を設定すべきと考えます。これは現在の「リザーブ」や「保護区」を国際的に標準化することでもあるのです。

放鳥獣の事業

次に、この「鳥獣保護事業計画」には、「鳥獣の人工増殖及び放鳥獣の事項」があります。この背景には戦時中での乱獲により、狩猟鳥獣があまりに減少していたことが指摘できるでしょう。放鳥獣とありますが、主に行われてきたのは鳥類です。獣＝哺乳類は対象ではないのかといえば、かつてはそのような試みがありました。戦争中には、毛皮獣養殖所から複数の県に送られ、放獣されたのです。戦後もこの事業を受け継いで、一九五九年には日光に場所を移し有益獣増殖所と名前を変え、主にイタチが養殖され、自然分布していなかった北海道や利尻島、八丈島へ、またネズミの捕食者として複数の島に放獣されました。この増殖所が種イタチの収集が困難になり廃止されたのは一九八〇年代で、これ以後放獣事業は終了しました。しかし、キジやヤマドリの放鳥事業は各県の林業試験場などを中心に飼育・養殖され、毎年六〇〇〇～四万二〇〇〇羽が大々的に放鳥されました。現在もなお一部の地域ではこの事業は継続されています。なお、現在、コジュッケイが日本に定着していますが、この鳥はもともと中国南部に生息していたのを、狩猟鳥に適しているとして、養殖され、格好の放鳥対象となりました。コウライキジも同様です。しかし、この放鳥事業は、可猟区内（つまり生態系）に「釣り堀」をつくるのと同じ発想で、外来種の導入や、遺伝子の撹乱などの問題を引き起こし、さらには本来、生息数を増やすことによってその余剰分を狩猟するとの野生動物管理の原則から見ても、適切な施策とはいえないでしょう。

有害駆除制度

この計画の三つ目の重要な柱は、「有害駆除」です。有害駆除というのは第一次産業へ被害が発生したときには、場所や期間に関わりなく（被害が軽減できる個体数の）捕獲が可能な制度で、被害発生を予測し、駆除体制を整備することが求められています。被害を回避するためのオールマイティの制度で、ここにも農林（水産）業を優先させるこの法律の性格が見て取れます。なかでも問題なのは、この有害駆除を、被害が起きるかどうかもわからない時点で、「計画しなさい」と行政担当者に指示していることで、明らかに行き過ぎた配慮ではないでしょうか。

このほかに、この法律の問題点はいくつか指摘できますが、それがいかに農林水産業に傾斜していたのかが確認できれば十分でしょう。法律にはそれにふさわしい社会的状況が存在します。この法律が描く理想的な姿は、農林業がつつがなく展開され、被害が発生すれば速やかに有害駆除する体制ができていること、農民は狩猟免許をもち有害駆除には積極的に参加する一方で、副業として狩猟鳥獣を捕獲し、肉を消費し、毛皮や羽毛などの産物を売却する、といったイメージが想定されます。この法律が制定された一九六三年の日本の状況は、総人口八八三〇万人、うち三二・七パーセントが第一次産業従事者、耕作地面積は六〇七万ヘクタール、食糧自給率はカロリーベースで七二パーセント

（生産額ベースで八六パーセント）でした。従事者数の比率は第三次産業に抜かれ急激に減少しつつありましたが、それでも基幹産業として多数の人口を吸収していました。加えて林業も盛んで、その従事者数は二一〇万人、山村の主産業の役割を果たしていました。ハンター人口は一九七五年にピークの五二万人（その八〇パーセントは四〇歳以下）に達し、こうした時代に即した法律であったことが理解できます。

（二）一九九九年の鳥獣法の改定

鳥獣法はその後何度か小さく改定されますが、最大の改定は一九九九年に行われました。この改定には主に二つの大きな時代背景があったと考えられます。

管理概念の登場——農業の衰退と被害の激増

一つは、第一次産業の大幅な衰退と、その一方での野生動物被害の激増です。「衰退」と「激増」、なぜこの二つが結びつくのか、少し考えてみましょう。

日本の人口は一九九九年に一億二五四八万人になりますが、第一次産業従事者の割合はわずか五・一パーセント、特に中山間地域では老齢化と人口減少が進み、耕作放棄地面積は約四〇万ヘクタールに達しました。それは、一九六〇年に比べ、農耕地のじつに約二〇パーセント（約一二〇万ヘクタール）が失われたことになります。食糧自給率は四〇パーセント（カロリーベース）に落ち込み、また山村地帯では、木材資源が十分あるにもかかわらず、林業の不振により自給率はわずか一八・二パーセントに低迷、伐採後約八〇パーセントの森林は植林されずに放置されています。農山村の風景は一変し、兎追いし「故郷」の光景はすでにありません。これが「衰退」の意味するところです。

次は「激増」のメカニズムについて見ましょう。かつての日本には豊かな里山があり、人々は里山から堆肥や薪炭の燃料を得て生活していました。司馬遼太郎は、日本人は里山に入り「落葉や下草を採って、林間を座敷のように掃除しつづけた」と表現しています（司馬 1986）。その里山から人々が撤退し、森を放置し、耕作地を放棄すればどのようなことが起こるのでしょうか。そこには、すべてではないとしても、低山帯の動物であるシカ、イノシシ、サルが入り込み、生息地に置換されるでしょう。しかもそこは、生物多様性が豊かで餌が豊富な格好の生息地です。また一九七五年にピークだった狩猟者人口は徐々に減少し、二〇〇〇年には二一万人（うち七七パーセントは五〇歳以上）とほぼ半減しました。良好な栄養条件、温暖化による冬期の自然死亡率の減少、そして狩猟者の減少、このような条件が重なれば、野生動物は当然その個体数や分布域を急速に増加、拡大させ、結局は、隣接地や周辺地も巻き込んで被害を蔓延させていくでしょう。過疎化が被害発生を招き、被害発生がまた過疎化を進行させるとの「負の連鎖」の成立です。ここはアライグマやハクビシンなどの外来種の根拠地にもなります。また近年のツキノワグマの異常出没も、奥山との間に境界を形成していた里山が消失したことと無関係ではありません。これが「激増」の意味です。それはちょうど連鎖反応のように歯止めがかかりません。

地方分権の流れと課題

もう一つは、この人口減少と過疎化とも関連しますが、「地方分権」です。地方分権とは、国の権限や財源を地方公共団体に移行し、国の関与を離れ、地方ごとにより自律的な政策展開を目指すものです。それ自体は否定されるべき性格ではありませんが、前提として、地方ごとの特色ある行政がそれほど必要なのか、地方にその立案基盤や能力はあるのか、さらにはこうした人材を育てる意思があるのかが問われる必要があります。人口減少と老齢化にともなう国の業務や財政の負担を軽減化する政策のようでもあります。特に野生動物の保全や管理の分野では、それまで、地方の個別的な性格ではなく、全国や、複数地域にまたがる広域の統一性や統合性のほうがより重要でしたので、「鳥獣法」は地方分権にふさわしい法律とは考えられていませんでした。にもかかわらず大枠では「鳥獣法」も「地方分権一括法案」を構成する一つの法律と解釈され、地方に移管される、つまり地方の「自治事務」に委ねられるべき法律になりました。

こうして、野生動物被害の増加と分権にともない「鳥獣法」が改定されました。この過程では、分権のなかでも新たな時代にふさわしい制度が追求されました。これが「特定鳥獣保護管理計画制度」と呼ばれる仕組みで、農林業被害の著しい地域を有する都道府県では、長期的な観点からシカ、イノシシ、サル、クマ類などの野生動物個体群を科学的、計画的に保護と管理をできるように計画を作成することが求められました。それは、当座しのぎの、行き当たりばったりの有害駆除や被害対応を抜本的に変え、「野生動物の管理」という概念を日本の法律のなかにはじめて登場させたものでした。

では「管理」とはいったいどのような概念なのでしょうか。

(三) 野生動物管理とは何か

「管理」とは〝management《マネジメント》〟の訳で、企業経営やビジネス分野で頻繁に使われる用語ですが、欧米では野生動物に対してもこの用語を普通に使います。これを〝野生動物管理《ワイルドライフ・マネジメント》〟といいます。なぜマネジメントなのでしょうか。それは「処理・統御・操縦・支配・取り扱い・経営」といった意味ですが、原義は「どうにかしてやり繰りする」「知恵をしぼって上手につきあう」という意味で、〝シープ・マネジメント〟といえば「ヒツジの番をする」こと、〝ホース・マネジメント〟は「馬を手なずける」ことになります。ですから、〝野生動物管理〟とは「野生動物に関する生態学的知識を結集して巧みに対処する」(三浦 2008) ことであり、人間との関係でいえば、「生息地や個体群に積極的に関与して、共存できるように最適な状態に誘導する」ことを意味します。鳥獣法の改正は、この役割が都道府県(地方自治体)行政にあることを明確にしました。管理と保護は対立概念ではありません。ただいたずらに有害駆除や個体数調整を繰り返すのではなく、被害の状況と野生動物個体群の動向をつねにモニタリングしながら、適正な個体群サイズに誘導し、共存をはかることが必要です。私も、野生動物管理の裾野を広げることが大切との立場から、参議院の国土・環境委員会の参考人となってその質疑にも積極的に参加しました。

各都道府県は、シカ、イノシシ、ツキノワグマ、サル、カモシカ、カワウなどを対象にこの計画

（「特定鳥獣保護管理計画」）を作成し、地域個体群の存続、農林業被害の軽減、個体数の管理を進めてきました。この計画制度が果たした役割をまとめれば、

ⓐ管理の目標と計画を設定したこと
ⓑ管理の実行を評価し、計画にフィードバックする（順応的管理の）スキームをつくったこと
ⓒ生息数、被害状況、生息環境についてモニタリングし、総合化したこと
ⓓ管理計画を透明化し、合意形成をはかり説明責任を明確にしたこと

などが指摘できます。総括すれば、野生動物管理の飛躍であり、改善だったといえるでしょう（村上・大井 2007）。とはいえ、生態学ベースでの科学的な管理の遂行や専門機関の設立、専門技術の開発や人的資源の投入、さらには都道府県を超えた広域連携といった点では、なお多くの課題が残されていました。特に、シカの個体数管理の分野ではより生態学に依拠することが大切です。通常、角のあるオスを獲っても増加率には影響しないので、個体群のトレンドは変化しません。個体群サイズを小さくするには、メスを重点的に捕獲する必要がありますが、少なくない地方自治体ではこのことが考慮されないままに計画が進行しています。専門研究者との連携やさらに周到な計画を作成することが重要です。紆余曲折はありながらも、この「計画制度」によって日本の野生動物管理は新しい段階に達したと思われます。

それでも、人間社会と野生動物の動向は、予想をはるかに上回る速度と規模で進行しました。シカやイノシシは爆発的に増加し、被害は拡大し、〝ワイルドライフ・ウォー〟の様相を呈するようになりました。特にシカは農林業被害だけではなく、生態系にも強いインパクトを及ぼし、自然公園や生態系の保全にとっても危機的な状況になりました。こうした事態の背景には、農業人口のさらなる減少（二〇一五年、四六五万人、従事者率は三・八パーセント）、過疎化と老齢化の加速度的な進行、中山間地からの撤退、耕作放棄地の増加にともなう野生動物の生息地の拡大、狩猟圧の低下と温暖化の進行などが連動しているものと考えられます。はたして日本人はこの「戦争」に勝てるでしょうか。この状況に対応して、鳥獣法は二〇一四年に再び改正されました（二〇一五年施行）。

五　現在の鳥獣法、その問題点と課題

新たな鳥獣法の正式名は「鳥獣の保護及び管理並びに狩猟の適正化に関する法律」です。主な改正点は、「保護」と「管理」を分け、前者を「生息数を適正な水準に増加させ、若しくはその生息地を適正な範囲に拡大させること又はその生息数の水準及びその生息地の範囲を維持すること」、後者を「生息数を適正な水準に減少させ、又はその生息地を適正な範囲に縮小させること」（第二条）と定義しました。そして、それぞれを重点的に実施する場合には、前者に対しては「第一種特定鳥獣保護計画」を、後者に対しては「第二種特定鳥獣管理計画」を作成すること（第四条、第七条、第七条の二）

としました。このほかに「指定管理鳥獣捕獲等事業」（第一四条の二）や「認定鳥獣捕獲等事業者制度」（第一八条の二）を創設し、国の財政支援や直轄事業で捕獲事業を行ったり、専門狩猟（プロハンターの）団体に捕獲を肩代わりさせる制度を整備しました。全体として、より捕獲に特化し、推進できる態勢をつくりだそうとしていることに特徴があります。

多くの自治体で、前法の「特定計画」を引き継ぎ、シカ、サル、イノシシ、カモシカ、ツキノワグマ、カワウを対象に「第二種特定鳥獣管理計画」が作成され、現在実行に移されています。他方で、福井、滋賀、京都、鳥取、島根、岡山、広島、山口ではツキノワグマを対象に「第一種特定鳥獣保護計画」が進められています。はたして新たな鳥獣法の枠組みによって、野生動物の被害が軽減され、保護と管理が同時並行でうまく進められるのでしょうか。いくつかの問題点を指摘しておきましょう。

第一に、これまで有害駆除や狩猟の主要な担い手は農業を営む一方で遊猟を楽しんだ地域の農民たちでした。この人々が老齢化し、引退するにしたがって代替の狩猟者は必要です。誰にバトンタッチさせるべきでしょうか。専門的な教育と高度な専門知識を持つプロのハンターの集団の登場は期待されてよいでしょう（ドイツの狩猟者免許は高度な専門教育を受けることが前提）。しかし農業の基盤がなくなり、肉や毛皮が十分な経済的価値を持たない背景のもとで、地方自治体との一定の契約だけに依存して、この国に、はたしてプロのハンター集団が今後、安定的、継続的に成立するのか、疑問が残ります。

第二に、このことにも関係しますが、被害に対応した駆除や狩猟であっても、従来の狩猟者の場合には、その肉やトロフィー（角の剥製など）は喜ばれ、利用されてきました。しかし認定事業による個体数調整となると、多くの場合には、駆除と捕殺の効率だけが追求され、死体は埋められたり、焼却されてしまいます。まったく利用されないままの大型哺乳類の大量捕殺は、倫理的に問題はないのでしょうか。

第三に、現在、銃猟免許を持つ狩猟者は減少しています。また第二種計画を遂行するには（多くの場合）捕獲をより進める必要があります。そこで環境省や自治体は「銃猟免許」ではなく、「わな猟免許」の取得を推進しています。わな猟免許は簡単な講習で取得可能で、「箱わな」や「くくりわな」をかけることができます。くくりわなというのは地面にワイヤーの輪とトリガーを仕掛け、そこに脚を入れるとワイヤーが閉まる仕組みです。各地のシカやイノシシの被害地では今これらのわなが大量に設置されています。でもくくりわなには問題があります。環境省は、輪の直径が一二センチ以上のもの、ワイヤーの太さ四ミリ以下もの、締め付け防止金具のないもの、より戻しのないものを違法用具として指定し、錯誤捕獲（クマ）を回避したり、動物に苦痛を与えることを防止していますが、それでも完全ではありません。長時間にわたり脚を拘束し、苦痛を与え、移動の自由を奪い、ときには脚を切断してしまうようなわなは動物福祉の観点からも適切ではなく、ＥＵやカナダ、ロシア、アメリカが合意している〝人道的なわなの国際基準〟（The Agreement on International Humane Trapping Standard）にも反します。さらに問題なのはこのわなは錯誤捕獲を引き起こすことです。ツキノワグマやカモシカ（特別天然記念物）が主な犠牲者ですが、発生件数などのデータはほとんどありません。

おそらくわなから解放されることもなく、多くの場合には、危険のために放置されるか、殺処分されていると考えられます。長野県小諸市野生鳥獣専門員の竹下毅氏は、同市でのくくりわなの実状を報告してします（竹下 2017）。同市ではニホンジカを対象に多数のくくりわながかけられました。合計三六〇個体の捕獲のうち、一三・六パーセントがカモシカの錯誤捕獲であったと報告しています。貴重なデータです！　おそらく各地でも高い比率で錯誤捕獲が発生しているのではないでしょうか。九州や四国など、カモシカの一部個体群はこの錯誤捕獲が原因で急速に生息数を減少させているようです。早急な改善が求められています。

さらにもう一つ提起したいと思います。この新法では「保護」と「管理」は対立概念とされています。管理とは、すでに述べたように、対象を注意深く観察し、より良い方向へ誘導することですから、広い意味で「保護」もまた「管理」のなかに包含されていると考えられます。野生動物個体群を含む自然を対象にした管理において回避されなければならないのは、現象を単純に二分し、二項対立にすることだといってよいでしょう。特に管理を個体数や分布を縮減させることと定義したのは、日本独自の用語使用であり、世界標準ではありません。野生動物管理の多義的な意味をわざわざ矮小化する必要はありません。

私は、生態系や農林業に大きな影響を与えるシカやイノシシは個体群を管理し、積極的個体数調整を行っていく必要があると考えます。このことは重要ですが、それはあくまで鳥獣法の大きな構成部分ではあっても主要部分ではありません。この「第二種特定鳥獣管理計画」は、より強化する方向で、別の法律に仕立てることが大切だと考えます。その際の用語は「管理」ではなく、「個体数調整」とすべきでしょう。

まとめ

以上述べてきたように「鳥獣法」は日本の農林業と密接に結びついて変遷してきました。人々は、伝統的に自分たちの土地と生業を守るために、野生動物と積極的に対峙し、被害を防止し、ときには個体数調整を行ってきました。鳥獣法の第一義はこうした営みの支援法だったのです。その観点が中心であったために、毛皮や羽毛といった産物の急激な商品化が過度の乱獲を招き、一部の野生動物を絶滅させたり、希少化させたりした歴史を刻んできました。野生動物を資源としてのみとらえ、浪費してしまう、十分とはいえない保護や管理の思想のなかで、鳥獣法には大幅に改善されるべき内容が含まれていました。それは時代の制約でもありました。しかし、一方で、この法律の目標や対象ははっきりと存在していました。地域に根ざし野生動物と直接向き合う農業者や狩猟者で、それがこの法律に依拠し、実践する「主体」だったのです。

ひるがえって現在、この法律の存在理由はどんどん薄れつつあるように思えてなりません。人々が都市に集中し、自然環境のなかで営まれた生業や生活から乖離し、農林業がどんどん衰退していけば、鳥獣法は、地方行政や認定事業者の個体数調整に関する内容が主となり、実質的には空洞化してしまうでしょう。しかし、ぜひ問い直されてよいのは、こうした農林業の現状や将来のあり方についてです。現代はグローバル化の時代といわれ、情報や技術、人やもの、食料が国境を越え、地球規模で取引と移動が行われています。そこでは市場の競争メカニズムにより経済の効率性だけが追求されています。

しかし、このグローバルな市場のなかに食料や生活資材を含めた農林産物のすべてが取り込まれたら、どのようになるのでしょうか。現在も進行しつつありますが、農林産物は、他国の生物多様性と生態系の「供給的サービス」へ依存することになるでしょう。それは、私たちの生存の基盤を根無し草にしてしまうことであり、国の自立や独立の問題にもつながっているように思われます。また国によっては、国内の生産が輸出産品ばかりに偏り、さまざまなひずみが生まれています。だから他国への依存はその国の生物多様性への侵害ともいえるのです。同時に、世界中での多種多様なものや生物の移動は、いやがうえにも外来種を増加させ、生物多様性の減少やさまざまな（病気や被害など）リスクを高め、生物相の均質化をうながしていくでしょう。危険なヒアリやセアカゴケグモ、アライグマはその先駆けのように見えます。各国は、資源と生産能力がある限りそれを持続可能な形で利用することに最大限の努力を払うべきなのです。生物多様性条約の理念もそこにあるのではないでしょうか。鳥獣法を考えることは、健全な農林業の展開のうえに野生動物との共存を目指した設計図を描くことでもあるのです。

引用文献

Aldous, C.（2015）Memorandum for the Chief of Staff, "Importance of Wildlife to the Mission of the Occupation," 2 June 1947, NRS Records, file 13, box 8981, RG 331, NAII.

Aldous, C.（2015）"A Tale of Two Occupations, Hunting Wildlife in Occupied Japan, 1945-1952," *J. Am.-East Asian Relations*, 22, pp. 120-146.

アーネスト・サトウ（1884）『明治日本旅行案内東京近郊編』庄田元男訳、東洋文庫776、平凡社、一九九六年。

岩崎常正（1824）『武江産物志』日本科学古典叢刊、第一巻、井上書店、一九六七年。

河合雅雄・林良博編著（2009）『動物たちの反乱』ＰＨＰ研究所。

毛皮獣養殖所（1942）『毛皮獣養殖所年報』第二号、毛皮獣養殖所（国立国会図書館蔵、http://dl.ndl.go.jp/info:ndljp/pid/1881821）。

小柳泰治（2015）『わが国の狩猟法制——殺傷禁断と乱場』青林書院。

シーボルト（1897）『江戸参府紀行』斎藤信訳、東洋文庫87、平凡社、一九六七年。

司馬遼太郎（1986）『ロシアについて』文芸春秋社。

陶山訥庵（1709頃）『猪鹿追詰覚書』日本経済叢書、第一三巻、日本経済叢書刊行会、一九一五年。

高橋春成（2010）『日本のシシ垣——イノシシ・シカの被害から田畑を守ってきた文化遺産』古今書院。

田口洋美（2000a）「生業伝承における近代」、香月洋一郎・赤田光男編『講座日本の民俗学』雄山閣出版、三二一—五二頁。

田口洋美（2000b）「列島開拓と狩猟のあゆみ」『東北学』三号、六七—一〇二頁。

竹下毅（2017）「錯誤捕獲の現場」日本哺乳類学会自由集会報告（富山大学）。

武井弘一（2010）『鉄砲を手放さなかった百姓たち——刀狩りから幕末まで』朝日新聞出版。

塚本学（1983）『生類をめぐる政治——元禄のフォークロア』平凡社。

二野瓶徳夫（1981）『明治漁業開拓史』平凡社。

花井正光（1995）「近世資料にみる獣害とその対策」、河合雅雄・埴原和郎編『動物と文明』朝倉書店、五二—六五頁。

藤原憲（佐野山陰）（1815）『阿波志』江戸後期諸国産物帳集成、第一六巻、科学書院。

三浦慎悟（2008）『ワイルドライフ・マネジメント入門』岩波書店。

村上興正・大井徹（2007）「特定鳥獣管理計画の現状と課題」『哺乳類科学』四七巻一号、一二七―一三〇頁。

安田健（1987）『江戸諸国産物帳――丹羽正伯の人と仕事』晶文社。

安田健（2002）「文献にあらわれた世界のトキ・日本のトキ」、近辻宏帰総監修、『Newton トキ』ニュートンプレス、一五四―一七九頁。

林野庁（1969）『鳥獣行政のあゆみ』林野弘済会。

第五章　動物園動物の存在と動物園がやっていること

名古屋市東山動植物園　元動物園長
橋川　央

はじめに

動物園動物はその多くが野生動物ですが、人がつくりだした家畜、愛玩動物、実験動物も動物園で飼育している場合は含まれます。野生動物については、野生で捕獲されて、動物園に運ばれてきたと多くの人が思っているようですが、昔はたしかにそうでした。でも今は、動物園で繁殖した個体が増えてきて、動物園間で譲渡や交換をしています。このため野生を知らない野生動物が多くなってきています。そして、当然のことながら動物園動物は人に管理されているので、人の経済、価値観、倫理観などに影響されやすい立場にあります。

こうした動物園動物は動物園そのものといってもいいですから、動物園の歴史や現状を紹介することで、理解していただけるものと思います。

一　動物園の定義

わが国には動物園法がなく、博物館法に関連する基準のなかで施設規模や動物種数などについて記載されているだけです。また、動物園を運営する地方自治体で動物園条例を制定しているところがありますが、そのなかで設置理由や目的などを記載しているところもあります。例えば、京都市動物園条例は一九三七年に制定されています。戦後では、旭川市旭山動物園条例は高度成長期の一九六七年に、そして横浜市動物園条例などは、比較的近年一九八五年になってから制定されました。

世界動物園水族館協会（World Association of Zoos and Aquariums：以下、WAZAという）では、「一種以上の主に野生動物のコレクションを保有し、管理するところであり、コレクションの一部を一般公開する施設」としています。さらに大辞林を見ると、「世界各地から集めた種々の動物を飼育し、広く一般に見せる施設」とあります。つまり、動物を飼育して一般公開している施設が動物園であるといえます。ただ、これらはあくまでも様態としての定義ですので、紀元前のエジプトやローマ帝国で権力者が野生動物を飼育および公開していた施設も動物園という位置づけになってしまいます（デンベック 1980）。

その後、一八世紀にはヨーロッパに海外各地から自然科学系の資料が集まるようになり、各種学会が生まれていきます。そこで、自然科学系博物館が誕生し、その流れのなかで科学に基づいた近代的動物園が設立されたといわれています。この定義に該当するのは、どの動物園からとはなかなかいえないのですが、現存する動物園で最古といわれるウィーンのシェーンブルン動物園（一七五二年）や、動物学研究のための最初の国立機関であるパリの動物園のジャルダン・デ・プラント（一七九三年）、また一九世紀に入ってから、民間研究機関の動物学会が組織したロンドン動物園（一八二八年）などが挙げられると思います（佐々木 1997、石田 2010、中川 2001 を参照）。

科学に基づいたというのは、いわゆる見世物小屋的ではなく、生態学、栄養学、獣医学などを基礎とした飼育を行い、分類学、動物学、行動学などの調査研究や情報発信を行う動物園ということになります。ということで、現代の動物園の定義は、動物を飼育して、一般公開をしている「科学的」な施設となります。

二　動物園の役割（東山動植物園の取り組みを中心に）

動物園には、娯楽、教育、保存、研究という四つの役割があることは、動物園関係者が認識して、実践していることです。ただ、以前はこの四つが車の四輪のように同じように動いていくとされてきました。しかし、最近は種の保存（保全）が最重要課題になってきて、教育も来園者に対して保全への理解を深めてもらい、協力や貢献をしてもらうことを目的とするような内容になってきています。

そこで、これらの役割について、私が長く働いてきた名古屋市東山動植物園（以下、東山という）での取り組み例を中心に説明します。

先に、東山動植物園について概要を説明します。もともと名古屋市の動物園は大正七（一九一八）年から一九年間、市内の鶴舞公園内にありました。しかし、そこが手狭になったので、昭和一二（一九三七）年に現在の場所で東山動物園として開園しました。二〇一七年には開園八〇周年を迎えました。面積は約三〇ヘクタールで、同時期に開園した隣接する植物園（約三〇ヘクタール）と一体化して、現在は東山動植物園を正式名称にしています。

飼育動物は二〇一七年三月末に四八四種一万二八八三点で、種類数は国内最多になります。二〇一六年度の年間入園者数は二四〇万人でした。現在、二〇一〇年に策定した東山動植物園再生プラン新基本計画に基づいて園内の整備を行っています。

それでは、以下で、動物園の役割について説明していきたいと思います。

(一) 娯楽

私が獣医師として動物園に勤務し始めた頃に当時の園長さんが娯楽について話されたことがありました。娯楽とは、もともと英語のレクリエーションを訳したものですが、re-creation には再構築という意味があります。つまり動物園に来て疲れた肉体や精神を癒し、元気を回復するというものですが、日本語の娯楽という表現は、かなり遊びのイメージが強くなっているので好ましくないとおっしゃられていました。園長さんは、動物園を単なる遊びの施設というイメージから脱却させたかったのだと思います。私もずっとそんな気持ちでいましたが、園内を歩いているときに、動物を見ながら楽しそうに会話のはずんでいるお客さんたちを見ていたら、いつのまにか動物の姿やしぐさを見て、喜び、驚き、癒されるという楽しみを娯楽とするなら、それでもいいのではと思うようになりました。ただあくまでも動物を見てのことですが、今は餌をあげたい、触りたいといったお客さんの要望に対応することも娯楽の要素として増えてきました。

東山の八〇年の歴史で展示してきた主な動物を振り返ってみます。まずは、ゾウです。戦前の開園時にゾウは一頭いただけでしたので、もっとほしいということになり、当時、サーカスから四頭のアジアゾウを購入しました。ゾウたちはサーカスにいただけにいろいろな芸ができたので、たちまち動物園のお客さんの人気者になりました。しかし、戦争により日本の動物園では動物がほとんどいなくなり、終戦後には、国内のゾウは東山の二頭と京都市動物園の一頭だけになりました。しかも、京都では終戦の翌年の一月に亡くなりました（京都市動物園 2003）。

昭和二四（一九四九）年、東京の子ども議会が名古屋にゾウが二頭いるならば一頭を東京に貸してほしいと、名古屋に陳情に来ました。しかし二頭の仲が良い様子から引き離せないと伝えました。そこで、当時の国鉄が、「名古屋にゾウを見に行こう」という特別列車の「ゾウ列車」を走らせました（写真5－1）。こういった出来事もあり、昭和一〇～二〇年代はゾウが大人気の時代でした。

昭和三四（一九五九）年になると、ゴリラが導入されました。担当した飼育員は、一～二歳の子ゴ

写真5－1　ゾウ列車で来園した子供たち

リラがあまりにも幼かったので、自分が親代わりになって面倒をみました。大人になると雄は体重が二〇〇キロくらいになり、とても制御できないようになるので、子供のうちに飼育員の命令を聞くようにしつけをすることにしました。その様子をお客様に見せたらということで、ゴリラショーとして実施したところ、大変な人気になりました。今では動物園では野生動物のショーは行わなくなってきましたが、当時のフィルムが残っているので、こうしたことを昔はやっていたということを今も時々紹介しています。

その後、昭和四九（一九七四）年にインドサイを導入しました。インド北部にある動物園まで職員が買い付けに行き、現地で一ヵ月滞在しました。その際に名古屋に本社のある企業にお世話になったうえ、予算では一頭分しか購入できなかったのを、もう一頭はその企業から寄付していただいて購入したというエピソードもありました（中村 1975）。

昭和五九（一九八四）年にはコアラがやってきました（**写真5－2**）。東京都多摩動物公園、鹿児島市平川動物公園と

写真５－２　最初に来園したコアラの雄２頭

の三園同時公開で、日本中がコアラブームとなりました。公開当初には長蛇の列ができるほどの大混雑で、もちろん今でも東山では動物のなかで一、二の人気があります。ゴールデンウィークなどの入園者の多い日にはコアラ舎が混雑しています。来園当時、コアラは大変ストレスに弱いので、注射をしてはいけないと言われ、獣医師としては困ったことを覚えていますが、今では他の動物と同様に治療や手術をしています。たしかに体調が悪くなると餌のユーカリをまったく食べなくなってしまうので、他のものを与えるわけにもいかず、何とかユーカリを食べさせようと苦労する動物ではあります。

さらに昭和六二（一九八七）年の開園五〇周年では、過去に上野動物園だけが飼育したことのあるボンゴや日本初飼育のヤブイヌを展示しました。

平成一二（二〇〇〇）年からはキンシコウを中国との共同繁殖研究として一〇年間借りていて、五頭の繁殖に成功しました（**写真５－３**）。終了するときに、非公式な場で冗談交じりに次にパンダはどうかという話が出ました。

このように、それぞれの時代で話題になる動物を導入してきました。

集客の面からすると、客寄せパンダという表現があるように、新しい展示動物でお客さんを誘致する方法が多くの動物園で行われてきましたし、今でも行われています。また、動物園によっていわゆる目玉動物を展示するといったことも行われます。

とはいえ、今は単なる珍獣志向ではなく、将来にわたって長期的な繁殖を考慮した飼育保全計画を立てて、動物を導入する姿勢が求められます。

写真5－3　キンシコウ

(二)　種の保存

野生動物の飼育には批判的な意見もありますが、一方で絶滅種や絶滅危惧種の増加により、飼育下での繁殖保存の必要性が高まっています。動物園には野生動物の飼育や繁殖の技術の蓄積がありますから、それを種の保存として実践していくことが、今は役割のなかでも最も重要となってきました。日本では八九の動物園が公益社団法人日本動物園水族館協会（Japanese association of Zoos and Aquariums：以下、ＪＡＺＡという）に加盟しています。このＪＡＺＡの執行機関の一つである生物多様性委員会が、種ごとに個体登録を行い、血統登録書を作成して、繁殖計画を立てています。これに基づき各園が協力して種の保存に取り組んでいます。

写真５－４　東山のゴリラたち

現在、東山ではゴリラが五頭の群れでいます（写真５－４）。雄のシャバーニはオーストラリアの動物園から来ましたが、二頭の雌との間でそれぞれ子供をつくりました。ゴリラのように国内の頭数が少ない種については海外の動物園と協力することも必要です。こうして生まれたゴリラの子供たちが遊んでいる姿をお客さんに見てもらっていますが、他園の園長さんと「少し前の日本では考えられなかった光景だ」と話したことがありました。日本でのゴリラの繁殖が遅れていることを鑑みて、こういう光景は日本ではじめてのことと、機会があるごとに語っていたのですが、お客さんの反応はそれほどでもありません。むしろ、イケメンゴリラとしての話題のほうが大きいのです。シャバーニグッズやら写真集、ＤＶＤなど、たくさんの商品ができています。お客さんは、シャバーニ自身に興味があるようで、まだまだ動物園では、娯楽を求められる面が強いことを感じます。

　東山では、メキシコの野生絶滅種であるアメカ・スプレンデンスという淡水魚をはじめ、一〇〇種を超える絶滅危惧種の飼育を行っています。また海外の野生動物だけでなく、日本の野生動物の繁殖保存については環境省の保護増殖事業と連携して、ツシマヤマネコとイタセンパラ（淡水魚のタナゴの仲間）を対象に行っています。ツシマヤマネコ（写真5－5）は展示繁殖施設をつくったのですが、飼育下での繁殖が進んでいなくて、建設した施設に入れる個体がいないということで慌てたことがありました。名古屋市の予算で施設を建設したわけで、そこに入れる動物がいないと困るのです。市の幹部や議会に対してきちんと説明する必要があります。京都市動物園でも同様でした。しかし、施設を建設した年に、すでに飼育している二園で四頭が生まれて、京都と名古屋で二頭ずつ引き受けることができて両園とも安心しました。こうした動物の管理は、環境省と動物園が参加するツシマヤマネコに関する会議があり、そこで個体の入れ替えや繁殖ペアの再編を検討しています。このように地方自治体が種の保存に取り組むことは、通常の行政とは少し異なるものなので、市組織や市民に理解してもらうことも重要なことです。

写真5－5　ツシマヤマネコ

希少種の保全は、動物園で繁殖して保存していくだけではなく、実際に野生に戻すこともあります。海外の例ですが、一九六〇年代に野生下で絶滅したモウコノウマがドイツのハーゲンベック動物園に一三頭残っていたのを、ヨーロッパの動物園で増やして、野生に再導入しました。動物園で繁殖保存していれば野生に戻すことができるという実例でした。ほかにもシフゾウやアラビアオリックス、カリフォルニアコンドルなどの例もあります。

日本ではカンムリシロムクを横浜の動物園が中心となって繁殖させて、原産地のバリ島に戻した事例もあります。またトキやコウノトリの野生復帰が行われていますが、これにも動物園が関わっています。

野生動物の保全には、動物の生息地で保全する生息域内保全と、本来の生息地ではない場所で保全する生息域外保全があり、動物園は後者になります。理想的なのは生息域内と生息域外が関連して保全をしていくことですが、なかなか海外の種についてそこまで取り組むのは困難なことです。このため、域外での繁殖保存といった部分にとどまっていて、その繁殖さえもそう簡単にはいかないのが現状です。しかし、日本産の動物や地域の身近な動物については生息地の状況に関わることができるので、動物園が生息域内保全に取り組んでいくことも必要です。

（三）教育

動物園における教育は、かつては動物についての知識の提供や動物についての質問に答えるという

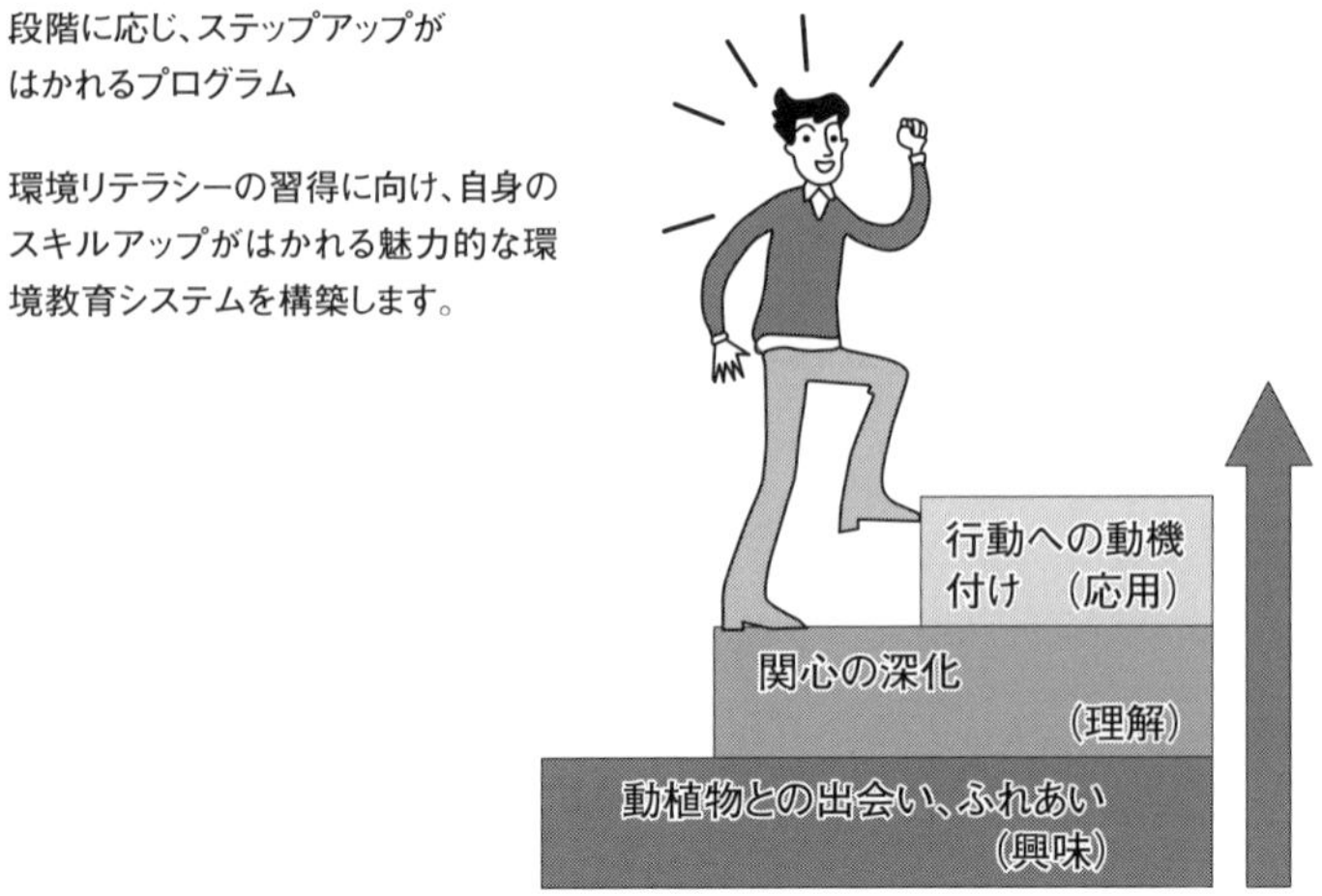

図５－１　環境教育プログラムのステップアップ

のが中心でしたが、今は環境教育という形で、動物の生息環境の状況やどうして動物が少なくなったかも含めて解説しています。こうした環境教育を行うことが種の保存につながることになります。

東山の場合は、平成二〇（二〇〇八）年に環境教育基本計画、翌年には環境教育アクションプログラムを策定し、その翌年から、環境教育プログラムの実施を始めています。単に話を聞いてああそうかではなく、聞いた人が自分で考えて調べることで環境リテラシーを理解して、自分で何か自然保護のために行動を起こすようになるのを最終目標としています。まず、動物との出会いやタッチングで興味を持ってもらい、もう少し興味を持ったら自分で知識を深めてもらう。こちらとしても、そのための情報提供をします。そして、最終的に自然保護に関連する行動を起こしてもらうという三段階のステップの達成を目指しています（図５－１）。実際には、なかなか簡単にはいきませんが。

また、以前から行っていたこども動物園でのヤギやモルモットのタッチング、自然動物館での爬虫類のタッチング、それに夏休みに小学生限定で行うサマースクール（写真5－6）なども動物に興味を持ってもらう最初の段階のプログラムとして継続しています。ほかに新しいプログラムも年々増やしてきましたが、今の組織体制だとスタッフが足りなくなりどうしても限界があります。また、提供しても受講されないプログラムは見直しをしています。

写真5－6　サマースクール

一番ニーズが多いのは、小学生たちが遠足で来たときで、プログラムに参加してから動物を見てもらっています。例えば、動物園の飼料室で肉食系動物や草食系動物の餌について説明します。また、アフリカゾウではターゲットトレーニングという手法について間近で見てもらい、参加者の何人かにもやってもらうこともあります（写真5－7）。ターゲットトレーニングとはもともとはイルカの調教で行われていたもので、手や棒などの特定のターゲットに触れるとエサがもらえることを覚えてもらい、ターゲットを示すとその動作を行うように条件づけるものです。アフリカゾウでは格子の間から出した肢をターゲットにつけるように訓練するものです。こうすることで肢の傷の治療や蹄の手入れを容易に行うようにします。ほかにクマ舎の中に入って、クマと人の共存について話を聞くというものもあります。教室で説明を聞くよりは、クマがいる現場で話を聞くと印象が全然違ってくると思います。そして、日本の野鳥とホンドリスがいる施設の中でつまり、日本の動物がまわりにいるなかで里山の話を聞くというプログラムも行っています。

写真5-7　アフリカゾウのトレーニング講座

東山特有の施設に、「世界のメダカ館」というのがあり、世界各地のメダカの仲間を展示しています。ここでは毎年六月に一般募集をして、飼育講習会をしてから個人や団体にニホンメダカを持ち帰って飼ってもらうようにしています。そして、産卵して増やしてもらい、その様子を観察して研究発表を一〇月に行い、増えたメダカを館内の大きな水槽に放してもらうようにしています。こうしたメダカの繁殖を通した環境教育も行っています。

このように、本物の生きた動物がいるそばで、あるいは生きた動物を使って行う環境教育プログラムはインパクトがあり、これが動物園で行う教育の最大のメリットです。

かつては、単にその動物に関する知識や情報を提供することが動物園での教育活動でしたが、そうした教育活動を行うこと自体が重要な役割であるような議論に、これまで何かしっくりとしないものを感じていました。しかし、環境教育という考え方を基軸にして、それが動物の保全につながるという趣旨であれば非常に理解しやすくなりました。環境教育の実施者はこうしたプログラムを通して、種の保存の啓発を行っていくことをつねに意識することが重要であると思います。

（四）研究

動物園はいわゆる研究施設ではないのですが、生きた野生動物を飼育しているので、研究内容にもよりますが種々のデータをとることができます。とはいえ、通常業務のある飼育員や獣医師が毎日データをとることはなかなか困難なことです。かといって動物園が研究部門を持つことは、日本の動物園では設立の歴史的経緯から見て、とても難しいことです。

以前からも単発的に、野生動物の血液、糞、死体などの試料を希望する研究者はいました。なかには電話でいきなり、オランウータンが死んだら、何もせずにそのまま全部欲しいと言ってきた研究者もいました。動物園では動物が死んだら解剖して死因を調べて、今後の飼育に活かすようにしています。そして必要な部位は毛皮や骨にして残し、教材として利用します。この場合はその旨をお伝えして断りました。

一方で生態学や動物行動学の研究者からは、動物園の動物は正常な行動をしないので研究するのに

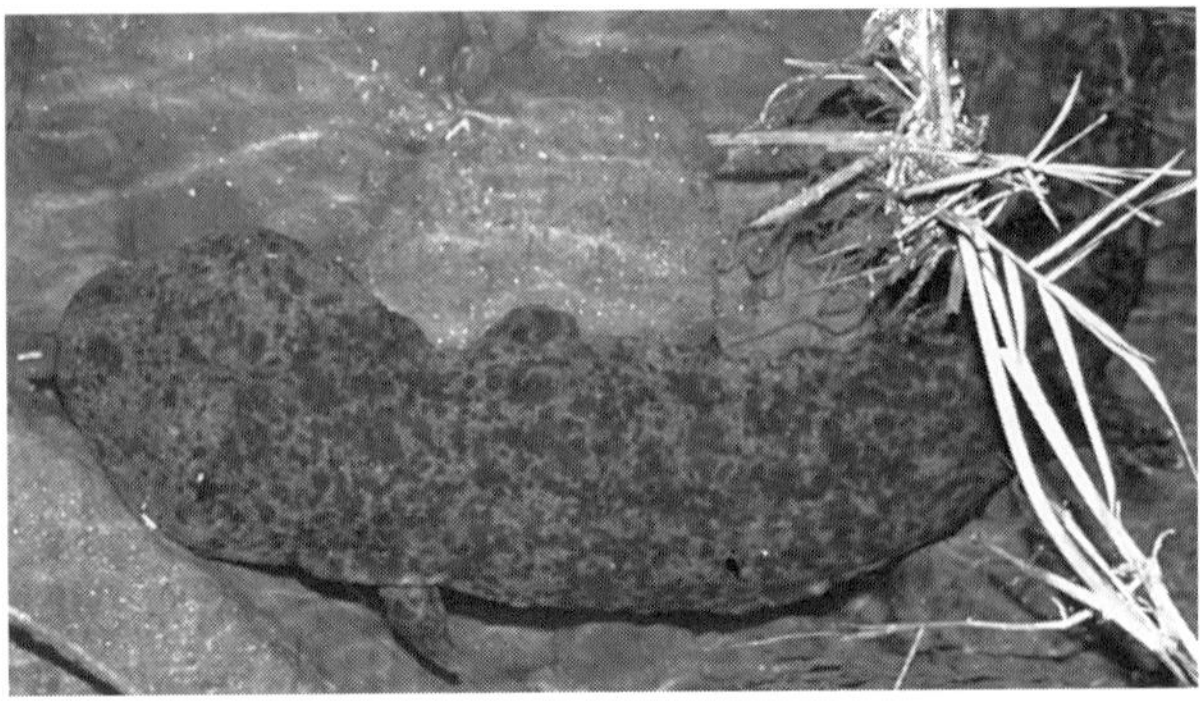
写真5－8　オオサンショウウオ

値しないと言われてきました。それでも、少数ですがその時代に動物園に行動調査に来て下さった先生もいました。今では大学からの要望もあり、お互いにメリットのある内容で連携協定を結んだ共同研究や動物園利用が増えています。時代は変わるものだと思いますが、大学のほうで動物学や教育、それに美術などいろいろな分野で、動物園の利用価値があれば大いに活用していただきたいと思います。

フィールド調査の具体例では、名古屋市の隣の瀬戸市の川で、特別天然記念物であるオオサンショウウオの生息調査を十数年行ってきました（写真5－8）。捕獲許可を申請して、夜行性なので、仕事が終わってから有志で川に入って捕獲し、これまでに約五〇頭にマイクロチップを入れました。また、インドネシアのスラウェシ島はニホンメダカと同属のメダカの種類が多いので、新潟大の先生と一緒に調査をしました。そこで採取してきたメダカを動物園で飼育繁殖させて、生態を調査しました。そして、大学のほうで同定を行ったところ、実際に新種として認定してもらうことができ、生息地のティウ湖に因んでティウメダカと命名されました（写真5－9）。そして、現在メダカ館で展示していて、世界中でここでしか見られないとPRしているのですが、メダカではなかなか大きな話題にならないのが現状です。

こういった取り組みについては、もちろん他の動物園でも実践されていて、種々の教育プログラムを行ったり、絶滅危惧種や各地方の希少種の保全に取り組んだりしています。

写真5－9　ティウメダカ

三　動物園の課題

動物園では四つの役割を実践していますが、動物園運営では課題もいろいろとあります。そのうち現在大きな問題となっている主な四つを挙げると、経営、動物福祉、危機管理、そして動物の確保となります。以下順に、それぞれについて説明します。

(一)　経営

日本の動物園は公立の動物園が多いのですが、最近は運営形態に変化があり、指定管理者制度を導入するところが増えています。

表5－1　運営形態（2015年度JAZA年報より作成）

形　態		動物園	水族館
公営	直営	32	8
	指定管理等	38	22
法人等		2	7
民営		17	24
合計		89	61

ＪＡＺＡの二〇一五年度年報によると、現状は**表5－1**のとおりです。公立の動物園のうち、半分が指定管理者制度の導入を行っています。なお、水族館はもともと民営が多いようですが、いずれにせよ以前とは運営方法が変化してきています。指定管理者制度は自治体にとってはそれなりにメリットもあるのでしょうが、飼育員や獣医師の身分保障や技術継承の問題、それに管理期間が短期の場合に管理者がころころ変わる不安などがあります。実際には管理者になっているのは法人格のある公園協会などが多く、長期の管理期間を設定しているところもあります。

また、予算削減により、施設の老朽化対応が大きな問題になっています。施設は、一度建設すると相当古くならないと建て替えはできず、また改修も簡単にはできません。それに最近は耐震化対策も課題になっています。

ちなみに東山では、アジアゾウは一九三七年の開園以来、一度も展示が途切れたことのない動物であり、ゾウ列車という歴史的遺産もあるので、将来も飼育を続ける動物と決めました。しかし、開園時に建設されたゾウ舎は七〇年を経過して老朽化が進んでいたので、建て替えることになりました。ただ、ゾウは群れで生活をする動物なので、群れ飼育をするというのが欧米の動物園の流れでした。このため、今までの三・五倍の大きさの展示施設ゾージアムを建設しました。

新ゾウ舎の建設は旧ゾウ舎の向かい側に観客通路を挟んでつくられたので、ゾウの移動には新旧ゾウ舎間に二二メートルのゾウの通路をつくり、歩かせることにしました。若いオスは一〇日で移動しましたが、予想通り四〇歳のメスはなかなか渡らず、渡るまでに一〇九日かかりました。

寄付については以前からも単発でありました。例えば東山では三〇年以上前にコアラを導入したときには、地元企業からコアラ舎の建設費用をいただき、その後もコアラ関係のイベントがあると、そこに寄付をお願いしてきました。

さらに最近は、特定企業と協定を結んで長期的な寄付を受ける仕組みもつくっています。また特定の動物の展示舎に二〇万円で一年間企業名を掲示する動物スポンサー制度、来園者に一口五〇〇〇円の寄付をお願いする「東山動植物園みんなで応援募金」などがあります。お礼に差し上げる動物ピンバッジをさまざまな動物を題材につくるので、これを楽しみにしているお客さんもおられます。このほかに公益財団法人の協会が行う動物園サポーター事業で、動物の飼育環境を豊かにするための道具などを寄付してもらっています。

そして、来園者増加対策としては集客企画のナイトズーや各種イベントなどを実施しています。しかし、こうしたイベントは内容が遊びの方向へエスカレートしやすく、来園者サービスがだんだんと過剰になる傾向にあり、動物からかけ離れたものになっていくこともあります。ましてや当然のことですが、動物に悪影響を及ぼす内容であってはいけません。入園者数は経営に大きく関係するので大事なことですが、これだけを動物園の評価指標とすることは決して良いことではありません。数字に

写真５－10　ガイドボランティア

表しにくいのですが、保全、教育、研究をどれだけ実践しているかが重要な要素です。

また、教育プログラムにはマンパワーが必要なので、ボランティアやＮＰＯなど市民の方に手伝っていただくということもあります。東山でもガイドボランティアさんにお願いして、標本や教材を使って動物の前で説明してもらうスポットガイドや、園内を案内して解説するツアーガイドなどを実施していただいています（写真５－10）。これらの仕事を全部職員で行うとしたら大変なことで、経費の観点からも大いに助かっています。

（二）危機管理

最近、動物園での事故が増えていて、職員が死傷したり、動物が脱走したりすることが多く見られます。東山でも、ニホンザルやマレーグマが脱出したことがありました。事故原因は昔から変わらないようで、獣舎の老朽化、新獣舎の設計不備、職員の不注意などです。こうしたことの対策として、獣舎の経年劣化の改修、チェック機能の見直しや研修などによる人材育成といったハードおよびソフトの両面から、管理体制の強化を行う必要があります。

写真５-11　鳥インフルエンザ発生時のペンギン舎の仮ネット

また、感染症も大きな問題です。ここ何年かは鳥インフルエンザにより動物園が休園するという事態が起こりました。対策として野鳥が入らないように鳥類舎をネットで覆うなどの対応が必要となっています。東山でも鳥インフルエンザ対策用にネットを設置する予算が付いたと聞きました。こうした鳥インフルエンザの影響により、鳥類の展示方法の変化も予想されます。いわゆるオープン展示から、野鳥の侵入を防ぐためにネットで覆ったり、ケージ飼いが増えていくと思われます（写真５-11）。また鳥が飛べる大きなフライングケージの中を人が通り抜ける展示もありますが、経費的には高額になるので、そう簡単にはつくれないと思います。さらに口蹄疫についても、近隣の農場で発生したため、動物園が閉園する例がありました。

日本に入って来る可能性の高い感染症については、特に防疫体制の強化が必要です。

ただ、このような感染症の発生時には家畜伝染病予防法に従って行動するのですが、これは家畜が対象で、野生動物は対象外です。ですから、発生時の殺処分も動物園の判断となります。そこで、こうした事態に対しては自主防疫の強化として、家畜に準じた危機管理マニュアルの整備や関係機関との調整をしておくことが重要です。

(三) 動物福祉

近年は動物福祉の問題が大きくなっていて、動物愛護団体からも指摘されるところです。WAZAの倫理規定改定にあたり、JAZAの倫理規定も見直され改定されています。そして環境エンリッチメントや海外の飼育基準の導入が行われています。

野生動物の一日の行動の大半はエサを探したり採食したりすることです。このため、餌を用意されている動物園では、短時間でエサを食べてしまいます。東山では、キリンに対して、昔は餌を高いところに置くだけでしたので、すぐに食べ終わり、そのあとにすることがないために「壁舐め」などの異常行動が見られました。そこで、ステンレス製の篭に入れた草を、網の目から少しずつしか取り出せないようにして、食べるのに時間がかかるようにしました(**写真5-12**)。チンパンジーでは、模型の倒木の中に置いた餌を木の枝を使って、自分で餌を転がして取るような仕掛けを置いています。チンパンジーは知能が高いので、餌を取ることができるルートを時々変えるようにして、餌を取りにくくしています(**写真5-13**)。こうして形は違っても採食時間が長くなることは、その動物の野生本来の生活リズムを再現できることになります。

こうした環境エンリッチメントは欧米から入ってきた手法ですが、日本でも十数年くらい前から導入されて、現在は盛んに行われるようになっています。

写真５-12　キリンのつりかご

写真５-13　チンパンジーの倒木フィーダー

さらにハズバンダリートレーニングという方法も行われるようになってきました。例えば柵越しに声でコントロールして、体のいろいろな部分を検査したり、蹄のケアをしたりします。採血も今まではタモ網で押さえつけたり麻酔をかけたりしていたのを、ゾウなら格子の間から出した耳、類人猿ならヒトと同じように腕、大型の肉食獣でも格子の隙間から出た指の血管から採血を行うようになってきました。施設の改良が必要な場合もありますが、このように普段からの訓練で、もちろんうまくできればご褒美をあげますが、健康管理上必要な処置が動物に精神的苦痛を与えずにできるようになります。

またアメリカの動物園から動物を導入しようとしたら、飼育施設が狭いから送れないと言われて悔しい思いをしたこともありました。飼育施設の大きさについて世界的な統一基準はないのですが、各国での数値基準をクリアしないと動物導入は難しくなっています。特に欧米ではこういった基準がつくられています。以前にゴリラをオーストラリアから導入する際に、オーストラリアの基準ではゴリラ一頭に必要な屋内飼育スペースは二〇平方メートル以上でした。日本の法律では霊長類の輸入時に一ヵ月の検疫期間が必要なのですが、検疫施設が二〇平方メートルなかったので、改修工事をしてクリアしたことがありました。日本ではJAZAが一部の種で飼育マニュアルを策定していますが、飼育スペースの基準といったものはないため、今後整備していく必要があります。

（四）動物の確保

動物の確保は動物園の存続に関わる問題ですが、希少野生動植物の輸出入を規制する通称ワシントン条約の関係で、絶滅危惧種の入手が困難になっています。それに、かつては動物業者から入手することが多かったのですが、今は条約などの規制で業者の扱えない種が増えてきました。さらに、動物移動にも法的な規制があり、手続きが煩雑になっています。また伝染病予防の関係では対象種の増加、検疫期間の設定などの影響があり、動物の確保自体が難しくなっています。

そのため、他の動物園と、同じ動物種の場合は交換が容易ですが、動物種が違っても等価交換という形を行います。ただ、実際はお互いが寄付しあう相互寄付という形で行うことが多いようです。また繁殖のために動物を無償で貸し借りするブリーディングローン（BL）などにより動物を入手するのが中心になっています。こうした相互寄付（交換）は、海外の動物園とも行うこともあります。東山動物園ではスリランカの動物園とアジアゾウとクロサイの相互寄付を実施しました。

また、WAZAの保護プログラムに参加して、その規定に従って動物を無償譲渡やBLで入手することもあります。動物園単独としても、あるいはＪＡＺＡを通じても、ＷＡＺＡに加盟できるので、そうしたルートを使うこともできます。

さらに、地方自治体で姉妹都市提携をしている場合は、その関係で動物交流を行うこともあります。実際、東山では、オーストラリアのタロンガ動物園と姉妹動物園になっています。それで東山からはインドサイやフランソワールトンというサルを贈って、向こうからはコアラやゴリラをもらっています。また、メキシコのチャプルテペック動物園とは、こちらからフンボルトペンギンやタヌキを贈って、向こうからはメガネグマやメキシコウサギ（**写真５－14**）をもらっています。フンボルトペンギンやタヌキは、日本ではよく繁殖しているので、経費的には有意義な交換であると思います。お互いに贈った希少種であるインドサイやゴリラが繁殖に成功していて、絶滅危惧種の保全の点でも成果が上がっているといえます。

写真５－14　メキシコウサギ

表５－２はＪＡＺＡが作成した動物飼育数の将来予想ですが、フンボルトペンギンのように増えすぎているので繁殖制限中の種もいます。ゴリラは繁殖が成功しているのでもう少し数字が良くなっています。ただし、ラッコやイルカなどは厳しい状況といえます。全体ではこのままだと飼育下の動物種が減少して

表5－2　人気動物飼育数の将来予測（JAZA資料）

種　名	2000年	2010年	2020年	2030年
アフリカゾウ	65	46	21	7
アミメキリン	136	122	121	115
オウサマペンギン	272	276	169	107
フンボルトペンギン	1,408	1,755	2,599	3,764
ニシゴリラ	33	23	11	6
ラッコ	88	34	17	10
バンドウイルカ	246	292	136	69

いくと予想されています。

このように展示動物種の減少が予想され、将来は各動物園の展示動物の同一化、つまり、どこの動物園に行っても同じ動物がいるという状況になっていく可能性があります。

結　び

日本人は動物好きといわれます。JAZAの報告によると、平成二八（二〇一六）年度に国内の動物園を訪れた人は四二〇〇万人でした。これは日本人の三人に一人が動物園を訪れたことになります。欧米の動物園は日本より先を行っていることは間違いなく、役割について最近は娯楽（レクリエーション）が省かれることがあります。しかし、欧米でも動物園の利用者はやはり娯楽で訪れることが一番多いと思います。ですから、役割から娯楽を外す必要はないのですが、かといってこれが一番重要な役割というわけでもありません。

長年、地方自治体の動物園に勤めてきた私にとって、動物園は人のためにあるのか、動物のためにあるのかということは、つねに自分に問いかけていた問題でした。ただ獣医師でもあり個人的な見解から、動物寄りの立場でいたことは間違いありません。そして、WAZAの最近の保全戦略などから、それが裏づけされていると確信していました。

今回のシンポジウムではあらためて動物園動物と人の関係を考えることができ、自分なりに納得した結論は、「人は動物園動物から癒やしの提供を受け、知的好奇心を満足させてもらい、人は教育と研究を通じて動物園動物に対して保全をしていく。これが動物園における人と動物の関係」となりました。人間側からの一方的な考え方ですが、野生動物の絶滅が人の営みの増大によって生じていることは間違いないので、人が保全をしていくことも必要なことです。

これまで紹介してきたように動物園の運営は時代の流れとともに、課題も多くなり難しくなりますが、将来も動物園が動物と人のいい関係を築いていく場として継続していくことを願っています。

参考文献

石田戢（2010）『日本の動物園』東京大学出版会。

京都市動物園100周年記念誌（2003）『京都市動物園100年のあゆみ』京都市動物園。

佐々木時雄（1977）『動物園の歴史（続）』西田書店。

デンベック、H（1980）『動物園の誕生』築地書館。

中川志郎（2001）「動物園学概論」『どうぶつと動物園』五三巻一〇号（六一九号）、（財）東京動物園協会。

中村知治（1975）『インドサイを求めて』名古屋教育通信社。

パネルディスカッション　人と動物の関係を考える

はじめに

打越　各先生のご講演を通じて、それぞれの分野の取り組みや課題が浮かび上がってきたと思います。そこで、ここからはあえて相互の仕切りを超えて、人と動物の関係をめぐる共通点や相違点を意識しながら、パネルディスカッションを進めていきたいと思います。フロアからのご意見・ご質問も多数お寄せいただいていますので、ここで紹介していきたいと思います。

それでは、同じ動物と向き合っていても、ご自分の専門分野とは異なる議論を聴いてどんなことを感じられたか、講演の順に、ご感想を順に聞いていきたいと思います。

一　実験動物をめぐる論点

論点：動物実験に関わる規制制度、３Ｒの原則、動物福祉へのインセンティブ、動物慰霊祭、外部からの評価の仕組み、一般市民の認識、環境エンリッチメント、愛玩動物と実験動物の線引き

打越　実験動物については、笠井先生からお話を伺いましたので、それ以外の四人の先生から、どんなことを感じたかお聞きしたいと思います。

佐藤　アニマルウェルフェア（動物福祉）を尊重しようという取り組みは、動物を取り扱っている人、すなわち畜産農家、動物実験者、ペット飼養者、動物園管理者などのインセンティブと、法的規制によって向上していくものだと思います。実験動物の場合は、法律ではないにせよ、国際的ルールに基づく飼養管理における動物福祉への配慮はかなり強烈に存在していると聞いています。そこで、なぜ、自主的な管理の仕組みになっているのか、もう少し詳細を聞きたいです。また、動物実験者のインセンティブという点から見たとき、動物の痛みや苦しみについては、目の前で動物がもがき苦しんだりするからには配慮しようというインセンティブにつながるのが想像されますが、さらに踏み込んで実験動物たちに飼養下で正常行動を発現させるレベルまでインセンティブを持っているのかどう

か伺いたいです。

遠山　私も、学生時代には動物実験をしていましたので、あらためて実験動物学の授業を受けたような気持ちで勉強することができました。また、昔とはずいぶん違う手法で実験が行われているとわかって、時代の流れを感じました。他方で、愛玩動物と実験動物の違い、線引きを考えるのは難しいと思いました。同じ犬や猫であっても、伴侶動物として終生飼養するのが当たり前の動物と、終生飼養しない動物の取り扱いをどう整理するのか、なかなか難しい課題だと思います。しかし、実験動物の犠牲がなければ、人間だけでなく動物のための医薬品も含めて、他の動物が健康に存在できないのだとよくわかりました。とても勉強になりました。

三浦　非常に勉強になりました。私もかつて医科系の大学にいましたし、早稲田大学の他の研究室でも、実験動物を飼っている人々がいます。ところで、実験動物を利用していると、それぞれの施設で、毎年動物慰霊祭を行っていますよね。例えば、神主さんを呼んで仰々しく執り行うこともあります。この動物慰霊祭は、日本的なセレモニーだとつくづく思いますが、海外ではどうしているのか知りたいと思いました。何かの行事をやることによって、自己満足的とはいえ動物を利用することに納得する、そのための仕掛けとして、海外ではどんなことをしているのでしょうか。

橋川　自分も、実験動物については学生時代に学んだのですが、現在は、動物福祉やエンリッチメントに向けて大変な努力が必要な分野だと感じました。過去には動物愛護団体から、さまざまな批判、ときには厳しい攻撃があったということでしたが、そうした活動に真正面から対処するのは大変であったろうと思いました。なお、最後の自主管理方式については、もう少し詳しく聞きたいと思いました。

打越　たくさんのコメントをありがとうございました。すべてお答えいただく時間はありませんので、私のほうで各先生からのコメントを三点にまとめて、笠井先生にご質問したいと思います。

第一に、アニマルウェルフェアを進めるためには規制と当事者のインセンティブが必要ということでしたが、それに関して、現在の動物実験に対する規制について、もう少し説明していただけるでしょうか。

第二に、当事者の動物福祉向上に向けたインセンティブについてもお聞きしたいと思います。研究者や動物の飼育担当の皆さんは、どんな気持ちで実験動物に向き合っているのでしょうか。苦痛の軽減だけでなく正常行動まで考えているかという質問です。

第三に、動物慰霊祭の話題が出てきました。日本では、全国各地の大学や製薬企業などの動物実験施設で、ほぼ必ず実施されている行事だと思いますが、代替するような仕掛けは海外にあるでしょうか。ちなみに、日本では、野生動物を狩猟する際にも、動物の命をもらうことに関して自治体や猟友会が慰霊祭を行っています。こうした動物の犠牲に対する姿勢、自らの襟を正すための仕掛けについて、海外諸国ではどうしているのかお聞きしたいと思います。

笠井　まず、実験動物に関わる規制について追加的に説明したいと思います。「自主管理」という表現ですと、「勝手にやればよい」と放置されている印象があるので、最近では「機関管理」という表現が使われるようになりつつあります。二〇〇五年の動物愛護管理法の改正を契機に、日本では日本学術会議による提言や統一ガイドラインが出されています。このなかで学術会議が宣言したのは、一九七三年に制定された動物保護管理法やそれに基づく文部省の動物実験についての通知に従って、学会内・業界内でルールをつくって対応してきたということでした。つまり、これまでのやり方は「うまくいっている」とし、だから日本の科学技術は発展してきたという総括をしています。だから、今後ともそれを発展させるといっているわけです。もう一つ、学術会議がいっているのは、研究者は実験動物のことを一番よく知っているのだから、自ら規制するのが望ましいという趣旨の内容です。こうした宣言を受けて、自主規制という表現が使われてきました。実際に、大規模な大学や大手の製薬企業では、動物の福祉に向けて真剣に取り組んでおり、成功しているといえると思います。

笠井憲雪（実験動物）

問題は、では、動物実験はどこでやっているのかすべて把握できているのかという網羅性の問題です。今の制度では、それが担保できないように思うのです。かといって、実験施設をすべて行政機関が把握できるのか、行政機関がすべて監視する仕組みが機能するかというと、これもまた疑問であります。私の考えとしては、自主規制をどこまで徹底的に実現できるのか、関係者はもっと真剣に考えて、そして、この網羅性を担保する方法を考える義務と必要があると思います。

次に、動物福祉に関する当事者のインセンティブについてですが、これはなかなか難しい問題ですね。例えば私の属する東北大学の場合、大規模な侵襲をともなう実験を受けた動物の術後ケアや術前の順化について、動物福祉の高い意識を持つ技術者のおかげで、高度なケアがなされています。しかし、組織としてはなかなか対応が難しい。このような施設には、本来は人の病院の看護体制のように技術者の三交代勤務のような組織体制が必要ですが、残念ながらそのようにはなっていない、一技術者のボランティア精神に頼っているのが現状です。

ただ、確実なこととして、世代の格差があります。自分が獣医学部時代に学んだような動物の取り扱いは、今から考えれば、やはりひどかったと思います。しかし、今の若い人たちは動物愛護に敏感です。そうした若い世代の思いに配慮していくこと、そうした価値観を形にして応えていくことが年長者の義務であると思っています。

最後に、動物慰霊祭についてですが、基本的には、日本でしかやっていない仕組みです。ただ、私は海外のさまざまな研究者とのつきあいがあり、例えば、韓国のソウル大学や北京の研究所では、日本の慰霊方式を良いものだとして導入していた時期がありました。ところで、死者や死んだ動物に想いを馳せて襟を正すというのは良いことだと思いますが、ただし、手を合わせればそれで殺生を帳消しにするというのであれば、それは違うと思っています。大事なのは、その動物が生きているときに、いかに健康に、いかに幸福に暮らしてもらえるかであり、そこに全力を注ぐべきだと思います。それを忘れてはならないと思います。

打越　フロアからの質問も来ているので、順にいくつか紹介させていただきます。一点目は、機関ごとの管理では甘いのではないかというご意見です。ただし、興味深いのは、質問者の方が考える主張の根拠です。質問者の方は、なぜ甘くなるかというと外部の査察員が不足しているのではないか、だから外部からのチェックが緩くなるのではないかということで、外部の査察員の人材不足をどう補うべきかという質問が来ています。これについては、どう思われますか。

笠井　まさに深刻な課題の一つです。大学関係の実験施設に対しては、国立・公立・私立大学の協議会が立ち上げた検証システムがあり、立ち上げ時から経験を積み重ねて検証のルールをつくりあげてきました。しかし立ち上げは二〇〇九年で、それから一〇年近くたつけれども検証にあたる人員数が不足しているため、検証を希望する施設を広く視察、調査することができていない状況です。これを打開しないと自主管理は成り立ちません。今後は、このシステムを日本実験動物学会の仕組みに移して、かつ文部科学省から予算を付けて動かそうとしていますが、人材不足は一～二年で解決するものではないと思うので、地道に活動を続けていくことが必要だと思います。もう一つ問題なのは、日本には所管省庁別に三つの認証システムがあるという点です。文部科学省、厚生労働省、農林水産省それぞれが出している基本指針や、それに応じた認証のガイドラインは、もちろん内容は似ているとはいえ、やはりバラバラなところもあり、互いにどうやって査察しているか十分に情報交換がなされていないという実態があります。さらに、国際的にはAAALACインターナショナル（国際実験動物ケア評価認証協会）が世界レベルで一元化した基準を持っているので、これらが入り乱れている状態なんですね。

動物実験の状況は、その研究機関の属する省庁により異なっていいわけはありません。さらに、この三省庁に属していない研究機関は、よるべき指針もなく受ける検証機関もない宙ぶらりんな状態です。これは日本の縦割り行政の弊害が端的に表れているためと考えられ、一日も早く一本化しこの状態を解消しなければなりません。

打越　動物実験がどこで行われているか網羅的に把握する仕組みがなく、またチェックする仕組みも縦割りであるということ、よくわかりました。それらはきっと、研究者の側から見ても煩雑な仕組みであり不便なこともあるのでしょう。それらを束ねて支える人材も不足しているとのことで、ここは専門家の関係者の皆さんの尽力が期待されるところだと思います。

ほかにも、同じく実験動物に関わる専門家と思われる方々から、多数のご意見が届いています。例えば、「実験動物の飼養管理の基準や苦痛に配慮した麻酔方法を知りたい」「動物実験のデータを集める研究者と実験動物の飼養管理をする職員の考え方の格差はどうなっているのか」「動物福祉の実現は何より専門家自身の良心の発揮として重要であるという講演内容に勇気をもらった」というような、専門的な観点からの情報や質問が多数届いていることを付け加えておきたいと思います。

他方で、実験動物のことを、これまであまり知らなかった一般市民の方々からのお声も多数届いています。「実験動物のおかげで自分たちの生活が成り立っていると実感した」「自分が利用している鎮痛剤がウサギの犠牲のおかげであると気がつき、彼らの存在は本当に身近で感謝を忘れてはならないと気がついた」といった声です。こうした一般市民の声に対して、笠井先生はどう思われますか？

笠井　私の話が、皆さんの実験動物への理解につながっていただけたのであれば、非常に嬉しく思います。しかし一方、残念ながら実験動物や動物実験について、一般の市民の方々にほとんど知られていないということも感じます。いろいろな原因がありますが、一つには私たち実験動物に関わる研究者や技術者が、情報を発信してこなかったことがあると思います。今日のこのような講演会や出版、マスコミを通してもっともっと正しい実験動物や動物実験の状況を知らせる努力が必要です。それが、日夜実験動物に向き合っている研究者や実験動物技術者への社会の理解につながり、適正な動物実験を導き、実験動物の福祉の増進にもつながると思っています。

打越　環境エンリッチメントに対する質問も多数寄せられています。「実験動物の環境エンリッチメントは何を目的に、どのレベルまで実現すべきなのか」という質問です。また、「動物園動物に対して、各地の動物園でハズバンダリートレーニング（動物の飼育や治療・検査の際に、飼育する人間にも保定される動物にも負担が少なくすむように、人間側の合図や一定のシグナルに応じて動物が自発的に一定の行動をとるように訓練すること）などが進んでいるが、実験動物の世界でもそうした取り組みがあるのか」という質問が来ています。環境エンリッチメントという単語は、たしかに実験動物と動物園動物の世界でよく使われる言葉ですので、それをどのように、どこまで実現すべきとお考えか聞かせていただけますか？

笠井　エンリッチメントは、動物の精神的な健康に配慮する方法の一つです。そして狭い空間に閉じ込められた動物たちが、できるだけ自然な行動をとり、恐怖やストレスを減らし、それらに対処する能力を改善し、生活の質（ＱＯＬ）を改善するために環境をより良くすることと定義されます。

しかし、その方法はそれぞれの動物の種特異的な欲求を満たすためのものでなければならず、多様であり、現在、進化しつつある分野でもあり、日本の実験動物の分野ではまだ確立されているとはいえません。ですからエンリッチメントの実施には、研究者のみならず、それぞれの実験動物に資格や経験のある実験動物技術者の関与が欠かせません。

一般にエンリッチメントのゴールは、動物の行動の多様性を増強し異常行動の頻度を減らし、正常な行動パターンの範囲や数を増加し、環境の変化に対しより正常な対処能力を増強することといわれています。

打越　最後に、先ほどの遠山先生からのコメントについて、あらためてコメントを伺いたいと思います。同じ犬や猫であっても、片方は愛されて終生飼養される愛玩動物、片方は実験動物として利用されて非終生飼養、この線引きが難しいというコメント、これはシンポジウムの趣旨である動物ごとの仕切りをどうとらえるかという論点にも関わります。何かお考えがあればお聞かせいただけないでしょうか。

笠井　おっしゃるように、愛玩動物としての犬や猫は、終生可愛がられて天寿を全うしますが、実験動物としての犬や猫は、途中で安楽死させられる。これは否定することのできない事実ですが、私は、学生や初心の研究者には、死の概念を持つ〝人〟と持たない〝動物〟の、それぞれの死というものを同一に考えるべきではない、と話しています。自分や家族、友人の死を知った人の、死がもたらす永遠の別れや将来の夢の挫折、肉体的な苦痛を認識したときの悲しみはきわめて大きく、それに対して一般に動物は死自体を認識できないといわれていますので、おそらく人に比較して悲しみの程度は、非常に小さいといえます。

しかし、一方、生きているときに感じる幸福感は、おそらく動物も人も大きな違いがないと思われます。ですから、実験動物たちには生きているときの幸福感を精一杯味わわせることが重要で、私たちができることは、実験動物にも、愛玩動物と変わらない愛情をそそぐことであり、先に述べた環境エンリッチメントを充実させていく責任が私たちにはあると思います。

打越　笠井先生、センシティブな論点にも、詳細かつ率直にさまざまなお考えをお聞かせいただき、ありがとうございました。

二　畜産動物をめぐる論点

論点：畜産動物のウェルフェアに関わる規制制度、畜産動物の遺伝的均質性と多様性、ウェルフェア向上の目的、植物と動物の相違（命と sentient beings）、フードチェーンの関係者の動向と課題、国際機関・欧米諸国・アジア地域におけるウェルフェア対応

打越　それでは、次に畜産動物について、議論していきたいと思います。佐藤先生からは、ウシ・ブタ・ニワトリの知能や感性を具体的に示しながら、彼らの飼育方法やルールについて現在大きく変化しつつあるグローバルな潮流についてお話を伺いましたので、他の先生方から順に感想を伺いたいと思います。以後は、時間の都合があるので、四人のうち、いずれか三人の先生からご意見を頂戴しようと思います。

遠山　自治体の獣医師職員にとっても、と畜場は自らの業務の管轄範囲であり、私も、と畜場で検査員として勤務したことがあります。佐藤先生のお話を伺って、私たちがたくさんの動物たちを消費していることをあらためて実感しました。また、畜産動物も愛玩動物も同じ一つの命なのに、人が利用する目的で大きな差があり、畜産動物には関心も向けられていないことについて、あらためて考えさせられました。また、先ほどの話とも重なりますが、私が学生の頃は、アニマルウェルフェアに関する授業はありませんでしたが、真剣に観察すれば、ウシが何を考えているかわかるというのは勉強になりました。私は、愛玩動物について、県のシェルター施設の中でいかにストレスなく暮らせるかと考えて工夫や努力をしているのですが、畜産動物についても同じ方向に向かっているのだと感じました。

三浦　私は、野生動物に関わる研究者の立場ですので、今日は、あえてその観点から畜産動物についてもコメントさせていただきたいと思います。野生生物の個体群であれば、多様な個体から構成されるのが普通の姿であり、生物の多様性ということ自体が価値のあることとされています。しかし、歴史的に見て人間が生物を家畜化してきた過程というのは、動物や植物に対していかに多様性を減らしていくか、さらには極力減らしていくのかという方向で取り組まれてきたと思うのです。その流れが、今は、あまりにも行き過ぎていないかと懸念します。例えば、日本産の黒毛和牛など、人工授精を通じて生産されていますので、遺伝的にはかなりユニホームになっていますよね。つまり、個体数が一〇〇〇頭いようが二〇〇〇頭いようが、クローン個体から構成されているとすれば遺伝的には一頭であるように、集団の遺伝的組成の変化に寄与できる実質的な個体数を「有効個体数」といいますが、この有効個体数はどうなっているのかというとごくわずかにすぎません。数万頭の牛が飼育されていても、有効個体数は、一五頭とか八頭とかいわれていますよね。人間と動物との関わり合いにおいて、もう少し多様な遺伝子を存続させる方向が目指されるべきだと思うのですが、いかがでしょうか。

橋川　何年か前に、はじめて家畜のウェルフェアについての記述を読んだことがあったのですが、そのときには、食べてしまう動物になぜそこまでするのかと驚いたことがありました。しかし、肉にせよ卵にせよ、牛や鶏が健康な状態、ストレスを感じていない状況で飼育されているほうが、美味しいもの、良いものができるのだと考えれば、アニマルウェルフェアは確実に必要になってくると思います。そして、もともと日本では、昔ながらの小規模畜産・酪農農家では家畜を大切に育ててきたと思うのですが、欧米の大型の畜産動物の飼育方式が入ってくるなかで、それとともにあらためてウェルフェアという課題も入ってきたのではないかと感じました。こうした実践的な課題や背景から、家畜のウェルフェアも真剣に考えるべき時代になってきたのかなと思います。

打越　それでは、三人の先生からのコメントをまとめて、佐藤先生に質問したいと思います。まず、大学における獣医学・畜産学の教育システムのなかで、現在は、若い学生に畜産動物のウェルフェアを教える仕組みがどのくらいあるのかお聞きしたいと思います。

次に、畜産業というものは、遺伝的な多様性を絞り込んできすぎたのではないかというご指摘に対して、どのように考えるかご意見を伺いたいと思います。

最後に、ストレスがないほうが肉や卵も美味しくなるとのことでしたが、畜産動物のウェルフェアというのは、人間のメリットのために果たすべきものか、そもそも動物自身のために果たすものなのか、先生のお考えを聞いてみたいと思うのです。経済的な観点から見れば、畜産動物のウェルフェアといっても、人間の利益に関わる範囲に限られると思いますが、いずれにせよ畜産動物のウェルフェアとは、人間のための実践手法なのか、それとも動物のための概念・取り組みなのでしょうか。

佐藤　まず、大学での教育内容についてお答えします。今の獣医学教育のなかでは、アニマルウェルフェアはコアカリキュラムの一つに入っているのですが、教科書を見ると、西欧の動物保護法、日本の動物愛護管理法、ＯＩＥ（国際獣疫事務局）やＡＡＡＬＡＣインターナショナルによる国際的な指針や認証の話が中心で、そもそもなぜ動物のウェルフェアを考えねばならないのかや、アニマルウェルフェアをいかに科学的にとらえるかのような話は教育されていません。これでは一面的といわざるをえないと思います。

他方、畜産学、動物生産学といわれる分野でも、ウェルフェア教育は行われています。こちらのほうでは、関わる教員が応用動物行動学や家畜管理学を専門とし、動物の生活の質を科学的方法で向上させる方法を研究してきたこともあって、アニマルウェルフェアの科学に加えて法的規制や国際的指針の教育も行われ、バランスがとれた教育に自ずからなっていると思います。とはいえ、世界的にはアニマルウェルフェアは獣医学の分野だと思われていますし、動物の健康を有資格者として判断できる専門家は獣医師ですので、わが国でも、行動学やウェルフェア学を専門とする獣医学者を育て、獣医学部においてもバランスのとれた教育を期待したいと思っています。

佐藤衆介（畜産動物）

第二の質問の、畜産動物の遺伝的多様性については、まさにそのとおりの懸念があると思います。畜産動物は生産力向上の一点のもとに強烈に選抜されており、その遺伝的多様性はどんどん低下する傾向にあります。例えば、世界中のブロイラーは、三つのアグリビジネス企業に系統が牛耳られているというか、遺伝的に支配されている状況です。採卵鶏も同様です。その品種交配の具体的な内容は、それぞれの企業秘密なのでわからないのですけれども、いずれにせよ鶏系統の商品名は十数種類で、日本国内だけ見れば、数種類にさらに限定されています。つまり、世界中どこに行っても同じ鶏系統からの肉や卵を食べている状態です。

こうした実情に対する問題の指摘はけっこうあります。これまで飼われてきた地方特定品種、これは世界各地でニワトリ七〇〇種、ブタ四〇〇種、ウシ八〇〇種以上も報告されており、遺伝的多様性が本来は非常に大きかったわけです。これが、自由貿易のなかで、市場原理主義（市場で利益を得ることだけに価値をおく考え）が最優先され、生産力の低い動物は絶滅していっているという大きな問題があります。国連食糧農業機関（ＦＡＯ）が一〇年ごとにそうした品種の飼育状況に関わる調査をしているのですが、地方特定品種は急激に減少しています。遺伝子は多種多様なタンパク質をつくりだす設計図ですので、将来発見されうる新規な物質の幅が消滅してしまうということでもあり、遺伝資源喪失としてゆゆしき問題です。さらに遺伝的多様性が減ることで、環境の変化に耐えることのできる品種がいなくなるとか、一つの病気でみんな死んでしまうという状況が起こりうるのです。一つの病気に農場全体の動物、日本全体の動物が罹患するという危険性があります。大規模・大量生産システムをアニマルウェルフェアの視点から改善すると同時に、地方特定品種が残れるフードチェーン（生産から消費までの有機的結合）の開発が必要ではないかと思っています。

三つ目の質問の、アニマルウェルフェアは人間のためか動物のためかという点についてです。アニマルウェルフェアとは動物の幸福の状態ですので、基本的には動物のためです。しかし、動物の不幸を自分の不幸と考える人がいるわけで、その人にとっては人間のウェルフェアのためでもあります。動物のウェルフェアを考えるということは他者のウェルフェアを考えることに通じ、人間社会の安定にもつながるという考えもあり、その意味ではアニマルウェルフェアは人間のためでもあるわけです。

また、動物が幸福である場合と不幸である場合では、動物の生理的状態は異なります。畜産物である乳・肉・卵は動物の生理によってつくりだされますので、アニマルウェルフェアのレベルによって畜産物の質も量も変化すると考えられます。ウェルフェアレベルの上昇とともに動物の生産力が高まることは確認されており、ある程度までのアニマルウェルフェアの上昇は利益の上昇にもつながります。理論的には質の変化も考えられますが、詳細な研究は進んではおりません。なぜかというと、ウェルフェアを向上させようとすると餌の量や質が変わったりすることが多いため、餌の変化の影響かウェルフェア向上の影響かが分離できないからです。生産力の向上は利益につながるのですから、アニマルウェルフェアは人間のためでもあります。しかし「ある程度」以上にウェルフェアレベルを高めようとすると、生産コストの上昇に対し生産力向上がついていけず利益の上昇は見込めなくなります。生産者の利益の補填をどこかがしなければ「ある程度」以上のアニマルウェルフェアレベルの上昇は経済的に成立しない場合が多々あります。

打越　なかなか難しい議論だと思いますが、つまり、消費者として動物のウェルフェアを大切にしたいという人がいるならば、その行動がウェルフェアを支えていくのだという解釈でよろしいでしょうか。

ところで、遺伝的多様性がなくなってきているというのは、普通の植物に関わる耕種農業でも、種を持っている企業が世界の農業を牛耳っているということが指摘されていますよね。遺伝的に画一化するというのは、自然環境の多様性を失わせるだけでなく、経済・ビジネスを支配していく結果につながると思うので、これはすべての人にとって由々しき課題であると思います。

さて、こうした植物の問題と関連して、じつは、フロアから面白い質問が来ているんです。「日本では、命を大切にするといって「いただきます」と言いますが、つまり同じ命というなら植物も同じではないか、学生から「植物だって命だと思うし、なぜ動物のウェルフェアだけを特別扱いするのか」という質問を受けるが、どうやって学生に答えたらよいだろうか」という質問です。佐藤先生、いかが思われますか。何かよい答え方はあるでしょうか。

佐藤　日本では、生きとし生けるものを大切にする気風があり、例えば、昨今話題になっている明治時代につくられ第二次世界大戦まで使われた教育勅語のなかにも、「博愛衆に及ぼし」とあります。「衆」とは衆生、すなわち生きものです。生きものを広く愛しなさいという義務論です。平安時代から、草木国土悉皆成仏といい、生き物どころか国土まで魂を持っているとみるのが日本の歴史です。今日でも動物を愛護するだけでなく、道路愛護会まであり、いずれも魂を持っていて成仏する存在と考えられています。しかし、アニマルウェルフェアに言及する西洋では、命あるものという側面ではなく、sentient beings（痛み・苦しみ・喜びなどを感じることができる存在）という側面に注目します。そこでは、植物や昆虫は感じる存在ではないという割り切りがあり、ウェルフェアの対象から外されているのです。日本では、この割り切りがないので、動物愛護管理法のなかでも「動物が命あるものであることにかんがみ」と愛護の前提が表現されています。私の考えでは、sentient でない植物には命を無駄にしない配慮を、sentient な動物にはそれに加えウェルフェアを考える配慮が必要なのではないかと思います。

打越　なるほど、石や山にも命があるというのが日本の伝統的・宗教的な考え方なのかもしれませんが、学生さんにアニマルウェルフェアを教えるときには、まずは動物は sentient beings であるとして、動物と植物を分けるところからスタートするのが西洋の考え方だと説明していくのがいいかもしれないですね。

ほかにもフロアからご意見・ご質問が来ているのでいくつか紹介させていただこうと思います。たぶん、佐藤先生としては、まさにそのとおり、わが意を得たりと思っていただけるのではないかという感想が多数寄せられています。「ウシやブタにも豊かな感情があると知って愛着が湧いた」という意見や、これは動物実験関係の専門家の方からだと思いますが、「よく考えれば当然のことであるけれど、人のために命を捧げる動物に対して実験動物と同様に感謝をしなければと思い直すことができた」とのお声もあります。

こうしたなかでも、より産業構造に踏み込んだ質問もありました。「こうしたウェルフェアへの配慮は必要だと思うけれども、生産者の動向はどうなのか」、あるいは「生産者にとってはウェルフェアの実践は大きな負担になるのではないか、むしろ消費者や流通業者の意識の底上げが重要ではないか」というご意見です。こうした食料の生産から消費までの一連の流れをフードチェーンといいますが、生産者・流通業者・消費者のそれぞれに対して、今、現状がどんな様子で、また今後は、それぞれどのような判断や行動をとってほしいと思われますか？　せっかくの機会ですし、ぜひ、佐藤先生の個人的な思い、メッセージを率直にお話しいただけないでしょうか。

佐藤　二〇二〇年の東京オリンピック・パラリンピックでの食材調達にあたり、そのような問題が生じてきています。近年の五輪大会での食材調達では倫理的な消費・生産が求められ、本大会でもその視点からアニマルウェルフェアの確保が採用されました。そして本大会を契機に、アニマルウェルフェアを日本の社会全体に定着させようと意図されています。ここでのアニマルウェルフェアの基準とは、先ほども紹介したＯＩＥ（国際獣疫事務局改め世界動物保健機構）が作成した国際基準をもとに作成された日本のアニマルウェルフェア基準であります。そしてそれに関する教育や認証費用を国が補助するという仕組みをつくろうとしています。先ほど「ある程度」以上のアニマルウェルフェアレベルの上昇は経済的に成立しませんと言いましたが、成立させるにはこのような国からの補助、消費者並びに流通業者の価格支持が欠かせません。生産者はアニマルウェルフェアの重要性を身をもって体験しています。アニマルウェルフェアに配慮した飼育により、動物は優しくなるので扱いやすくなることや乳・肉・卵の出荷量が増えることを実感しています。私の知り合いの養豚企業経営者は、アニマルウェルフェアに配慮した飼育に換えることにより雇用者の笑顔が増え、定着率が高まったと言っていました。アンケート調査をすれば、多くの消費者もアニマルウェルフェアに配慮することに賛同しています。すなわち、流通業者こそ適正な価格で、食の安全、環境保全、労働環境、そしてアニマルウェルフェアに配慮した食材を生産者から消費者につなげるシステムをつくることが求められていると思います。

打越　佐藤先生のご講演では、国際機関による議論や、欧米における先進的な基準についての説明が中心であったと思うのですが、アジア地域はどうなっているのかという質問も出ています。「正確な話かどうかはわかりませんが、最近では中国でウェルフェアが飛躍的に向上していると聞くけれども、それは本当なのか」「他のアジア諸国の動向はどうなのか」という質問です。いかがでしょうか？

佐藤　アニマルウェルフェアの考えは西欧が起源ですので、欧米の旧植民地であったインド、マレーシア、フィリピンにも浸透しています。もう一つの推進力は貿易です。皆さんもアメリカ産牛肉、デンマーク産豚肉、ブラジル産鶏肉など、たくさんの外国産の畜産物を食べているかと思います。このように畜産物は国際流通品です。国際的に流通させるには国際的なルールを守ることが求められます。ルールの一つに世界一八一ヵ国が参加するＯＩＥが作成したアニマルウェルフェア規約があります。中国は鶏肉の輸出が盛んであると同時に、世界最大の養豚国で輸出産業化を目指していますし、タイは鶏肉が主たる輸出品です。したがって両国とも国を挙げてアニマルウェルフェアの向上を目指しています。韓国とヨーロッパ連合（ＥＵ）は自由貿易協定（ＦＴＡ）を結んでいますが、韓国が畜産物を輸出する際にはＯＩＥ規約よりもさらに高いアニマルウェルフェアに関するＥＵ法の順守が求められていることから、アニマルウェルフェアの認知度もそれに対する配慮も高くなってきています。このように貿易を通してアニマルウェルフェアを向上させる形が整い、その実践を通じてアニマルウェルフェアの重要性を認識していく流れがそこには見えます。日ＥＵの経済連携協定（ＥＰＡ）が大枠で合意しましたが、日本からEUに畜産物を輸出する際には同様にアニマルウェルフェア法の順守が求められることとなります。これまで日本だけが畜産物輸出国でなかったことから、アニマルウェルフェアの国際的議論の蚊帳の外（ガラパゴス状態）でいられたわけですが、貿易や東京五輪を通じて遅ればせながら日本も同様な動きになっていくものと思われます。

打越　流通構造や貿易の観点まで多面的な議論をありがとうございました。佐藤先生がお書きになったご著書『アニマルウェルフェア』（東京大学出版会）には、畜産動物たちの本来の生態や現在の飼育下における問題行動について詳しく書かれているだけでなく、動物に対するキリスト教文化・欧米の価値観と、仏教文化・日本における価値観についても深い考察が展開されています。こうした佐藤先生のお話を、いろいろと生で聞くことができました。ありがとうございました。

三　愛玩動物をめぐる論点

論点：自治体行政と動物愛護団体やボランティアとの関係、飼い主とペットの関係、動物愛護管理法と動物園・水族館、犬や猫の殺処分と職員の意識、動物取扱業者の格差に対する消費者教育、自治体の獣医師職員のマンパワー問題、飼育方法改善の背景や要因

打越　それでは次に、愛玩動物をめぐるさまざまな経済社会の変化と、それにともなう現場の行政

活動について、遠山先生からお話いただいたご講演の感想を、他の先生方から伺っていきたいと思います。

笠井　愛玩動物に対する課題については、知人などから薄々聞いていたこともありましたが、野良犬や遺棄された犬など、保健所が捕獲した犬がこの一〇年で激減したという数値を見て、感銘を受けました。今から二〇年前、東北大学では、保健所の捕獲犬をあちこちの自治体からいただいて実験に使っていたのですが、動物愛護団体から保健所から実験動物として払い下げる仕組みは全国的に中止させようという運動が始まりました。とはいえ、当時は保健所で数十万頭もの犬が殺処分されていた時代で、その状況を克服する活動をしないままで、ただ犬を実験に使ってはいけないと言われるだけでは、むしろ動物の命に対して失礼だろうと思ったのです。どういうことかといいますと、同じ犬でも、実験動物として用いる場合は、あえて繁殖させなければならないわけです。他方で、捕獲犬は殺処分されるだけというのであれば、人間が命を奪う犬の数は、捕獲犬の数と実験動物の数がそのままプラスされるわけで、それならば捕獲犬を使ったほうが犠牲にする命の数を減らせると考えたのです。当時、こんなにたくさんの捕獲犬がただ殺処分されていて、こんな状態では日本はどうなるのかと思っていたのですが、それが今は大幅に殺処分の数が減っているとのこと。これは、自治体の方々も相当に頑張ったとは思うのですが、それ以上に全国各地の愛護団体やボランティアさんが頑張ったのだろうと思います。殺処分を数字だけでとらえると、いろいろな歪みが出てくるとのお話でしたが、やはり、無意味な殺処分はますます少なくするように頑張っていただきたいと感じました。

三浦　愛玩動物をめぐる行政の具体的な取り組みなどは私もまったく知らなかったので、現場の活動や苦労を知って勉強させていただいたように思います。他方、具体的な事業というわけではないのですが、社会の風潮のなかで、人間のペットに対する欲望はどこまで広がっていくのだろうと懸念するところがあります。人間関係が希薄になるなかで、その代償としてペットが非常に重要視される社会というのは、それが望ましいのだろうかと悩みます。

ちなみに、人間と犬は、お互いにまだまだ「共進化」の途上にあるといわれています。共進化というのはそれぞれの進化に影響を及ぼしあうほど種間の関係が密接な状態を指しますが、人間と犬ではお互いに愛情ホルモンを出しあえるほど特異的な関係にあるといわれています。人と犬との関係が始まって一万年以上経過しているにもかかわらず、なお新たな関係が成立することに驚きます。人間と野生動物の関係史でいうと、犬にしても猫にしても、いろんな品種が生まれてくるのは約二〇〇年前のビクトリア朝のイギリスあたりからだと思うのです。それまでは犬は狩猟犬であり、牧羊犬であり、また猫は穀物倉でネズミを取ることで人間のそばにいることが許されてきた、つまり使役動物だったわけです。使役動物としての犬猫の歴史が長いのに比べると、ここ二〇〇年くらいで、人間と犬や猫の関係が、ペットとして、家族の一員として大きく変化しているわけで、今後どうなっていくのかよくわからないなという複雑な心配な気持ちになります。

話は変わりますが、所沢市にある私の大学や多摩丘陵などでは、ガビチョウが春の歌を歌っています。彼らは侵略的な特定外来生物です。もともとペットとして日本国内に導入されたわけですが、現在では、彼らの声に日本古来のウグイスの声がかき消される状態です。飼っていたペットが本来の環境を変えつつあるのは、どうだろうかと思いますね。

橋川　名古屋市でも動物愛護管理行政は、私と同様の獣医師職員が担当しているので、さほど縁遠い話ではありません。犬は、どこの自治体でも殺処分数が減っているようですが、名古屋市では、まだ猫の殺処分の数が多いようです。猫への対応がなかなか難しいということで、地域猫活動といった対応も名古屋市の取り組む課題になっています。とはいえ、猫は、毅然と対応するための法律もないので大変なのかなと思っています。

ところで、動物愛護管理法上の動物取扱業への規制が動物園・水族館にも及んでいます。動物園水族館協会の総会では、この点がいつも話題になります。私も、動物取扱責任者としての研修を受けているのですが、動物園の多様な動物の飼育においては、犬や猫の取り扱いをする販売業者との発想とは違うわけでして、この規制を外してほしいという要望が寄せられます。今後、動物愛護管理法の規制との関係を、どう考えたらいいと思いますか。

打越　コメント、ありがとうございました。それでは、いただいたご意見やご質問から、三つの論点について遠山先生に質問したいと思います。まず、笠井先生から、東北大学で保健所で引き取った犬を実験に用いたことに動物愛護団体から厳しい批判を受けたのは辛かったにせよ、殺処分が減ったのは、ほかならぬ愛護団体の方々の努力のおかげであり感動したという感想をいただきました。ということで、動物愛護管理行政における愛護団体との関係はどのような様子か伺いたいと思います。

また、人間関係が希薄化するなかで、ペットとの関係が強くなっている傾向はどこまで行くのかという話題については、いかが思われますか。私自身も、わが家で飼っている猫を「わが子」扱いでして、しかも亡くなったあとは、ペットロスに悩みましたので。

最後に、動物愛護管理法で動物園を取り締まること、保健所の職員が動物園を取り締まること、これについて伺いたいと思います。この規制については、各方面の動物園関係者から不服のお声を聞く一方で、しかし、動物愛護管理法による規制がなければ劣悪な動物園に対応できないので必要だという声も聞きます。実際に、動物園を規制する立場の職員として、いかが思われますか。

遠山　動物愛護団体との関係についてですが、新潟県での私の経験においては、やはりありがたい存在です。動物愛護センターには、毛布やタオルをなどさまざまな寄付をいただいているし、ときには温かい言葉を掛けていただいています。十数年前は、行政は何やっていると、厳しくお叱りをいただいたこともありましたが、今はお互いに協力しあえる関係だと思っています。その背景には、情報公開があると考えています。私たちの仕事の中身、裏のバックヤードも何もかも全部見てください、何でも聞いてください、何でも答えますよという関係になってから、信頼感が強くなりました。お互いに信頼しあえる関係になってから、行政と愛護団体は一緒に進化したといえるかもしれません。

次に、ペットと人との関係についてです。新潟県から犬や猫を譲り受けた人へのアンケートを見ると、譲り受けた人の大半は、家族の会話が増えたと答えています。普段会話のない奥さんとも、猫の話だけはするというお答えもありました。ペットには、人と人をつなぐ役割もあるのだと思います。

ペットの存在が縁となって、今までつきあいのなかった人と話すきっかけになったりします。例えば犬を飼うと、毎日ほぼ同じ時間に犬の散歩に行くことになります。そこで会う散歩仲間、いわゆる「犬友」ができることで、その人の生活が社会に対して開かれることもあります。ペットだけが友達で、のめり込んだり依存したり、やたらと増やしてしまう人もいますが、それは全体から見れば決して多くはないと思います。

なお、ペットの慰霊についてですが、日本人の感性としては、慰霊するべきだと思います。ほとんどの飼い主が、ペットが亡くなった際にペットロスを経験します。でも、ちゃんとお骨にして見送ってあげたと思うことができれば、ペットロスで落ち込む感情を緩和することができます。きちんと慰霊することは大事だと思っています。

遠山潤（愛玩動物）

最後に、動物愛護管理法で動物園をどう扱うかについてです。たしかに名古屋市の東山動物園のように専門家がいる大きな施設であれば、動物園の知識が乏しい保健所の職員が指導できることは少ないかもしれません。ただ、動物愛護管理法の規制ができて私たちが監視に行くようになってはじめて明らかになったのは、ＪＡＺＡ（日本動物園水族館協会）に入っていないような、小さな動物展示施設の管理状態が悪いということです。ハムスターやモルモットが共食いをしていたり、当初五頭で飼っていたシカが、繁殖制限をしておらず、スペースは変わらないのに四〇頭に増えているような事例もありました。しかも、動物の世話をしていたのが、何の教育も受けていないシルバー人材センターの派遣職員だった施設もありました。大手の施設と違い、動物のことを知らない素人が対応しているこういった動物展示施設に、獣医師の目が入るようになってよかったと思います。

打越　お話を聞くと、関係者をつなぐキーワードは、情報公開なのだと感じました。風通しをよくすれば、関係者みんなの信頼関係が生まれるし、課題も見えてくるという趣旨であったと思います。

さて、ここで、フロアからのご質問にもお答えいただきたいと思います。まず一つ目は、自治体の担当者さんを慰労する質問ともいえましょうか。「膨大な数の犬や猫の殺処分をしていたときに、どのような気持ちで自分の心の安定を保たれていたのか」という質問です。もちろんそこは担当職員として覚悟していらしたと思いますけれども、どうやって心の安定を保っていたのか、具体的にお聞かせいただきたいと思います。

遠山　公務員ですので、これも仕事なのだと割り切ってやっていました。ただ、この現状を変えるためにできることは何だろうかといつも考えていましたし、動物が苦しまないようにするにはどうしたらいいかと、ずっと考えていました。仕事をやりたくないと言える立場ではないですが、公務員だから、担当職員だからできること、変えられることもあるだろうと考え、住民の啓発や意識づけ、飼育環境の改善などに取り組んで来たことが、今の状況をつくっていると思います。

打越　遠山さんのような職員さん、全国各地にもおられると思います。自治体の獣医師職員さんのお仕事は、必ずしも社会的に高く評価されるとは限らないし、獣医師資格を持つお仕事のなかでも地味なキャリアの一つであると思いますが、しかし現場における長い間のご尽力に心から敬意の気持ちをお伝えしたいと思います。フロアからも、「殺処分ゼロという数値目標よりも、遠山先生がおっしゃるように実態に焦点をあてることが大切だと感じた」「行政職員さんがペット関連の問題についてここまで積極的に介入されているとは知らなかった」「素晴らしい！」という感銘の声が届いています。

犬や猫の問題を身近な課題と感じている方は多数いらっしゃいますので、ほかにもいくつかご意見・ご質問を紹介させていただこうと思います。遠山先生が取扱業者の実態について語ったときに、買いにくる人々の姿勢について言及されていましたよね。それに関連して、「不当な取り扱いや動物福祉を無視した業者から動物を購入する消費者に対して、意識を向上させるための対策や教育活動などを行うことは可能なのか」という質問が来ています。もちろん、どんなペットを購入するか、譲り受けるかということは法律で規制することはできないし、行政も簡単に善悪について言及できるものではないと思いますが、それでも消費者教育という観点からお考えをお聞かせいただけないでしょうか。

遠山　動物を購入する消費者の意識向上に向けた取り組みですが、子供の頃から、動物を飼うことの責任というものを教えていくしかないと思います。多くの行政施設では子供を対象とした動物ふれあい教室や一般向けの飼い方教室を開いています。そのなかで、動物を飼うことには命を預かる責任がともなうことを伝え、飼う前にその動物の特性や飼う場合の注意点、犬だったら犬種によって違いがあること、しつけやコミュニケーションが大事であることを教えています。

また、広く伝えるという意味では、メディアの活用が重要だと思います。興味本位のテレビ番組も多いですが、そんななかでも行政やドッグトレーナー、獣医師などは、専門家として正しい情報発信を地道にしていくしかないと思います。

打越　自治体職員の業務の大変さについてもご意見が届いています。例えば、「新潟県の担当職員の人数の少なさに驚いた」「自治体で働く獣医師職員さんのマンパワーが不足していると思うので、そこを解決してほしいと思う」「予算取りや人員配置についてまで世論のバックアップが必要だと思いました」という声があります。いずれも遠山先生への応援のメッセージだと思いますが、いかがですか?

遠山　個人で飼っているペットや野良猫の問題に対し、行政がどこまで介入すべきなのか、さまざまな意見があると思います。自治体の職員はさまざまな課題に向き合い、日々悩んでいます。予算も含め、施設などは、世論の変化を受け、十分ではないかもしれませんが、以前よりはずいぶん充実してきました。

行政は社会の流れにあわせて変化していくものですので、皆さんの後押しが力になります。殺処分ゼロという数字にとらわれた極論ではなく、人も動物も共に幸せに暮らしていけるような世の中を模索していきたいと考えています。

打越　もう一点、これは動物実験の関係者の方からの質問です。「人々が、動物の飼育方法について意識が向上した、その大きな要因は何だと思いますか」とのこと。これは、畜産動物や実験動物など、他の動物のウェルフェアを向上させるときのヒントになるかもしれません。時代の変化、世代の変化、あるいは経済・社会のさまざまな事情、いろいろあると思いますが、長い間、自治体で働いてきた遠山先生のご経験から、このご質問にもお答えいただけないでしょうか。

遠山　私たち行政も含め、動物病院やペットに関わる人たちが、地道な啓発に取り組んできたことと、大切に飼っている人が模範となって、家族の一員としての飼い方に変化したと考えています。

そのようななか、かつては非難の対象であった動物行政も、隠さずに情報をきちんと発信することで信頼を得て、今はボランティアの方々と一緒にさまざまな活動ができるようになりました。

世間の動物に対する考え方は変わってきましたが、そこから一歩進んで、畜産動物や実験動物のウェルフェアについても考えるようにしていくには、まず知ってもらうことが重要だと思います。そのためには、きちんと情報開示をする必要がありますので、今回のシンポジウムのように、畜産動物や実験動物のおかれた現状や飼育の実態を、飼育している側が積極的に情報発信していくべきだと思います。

打越　遠山先生、まさに包み隠さず何でも率直にお答えいただき、ありがとうございました。悩みの多い課題について、わかりやすく全体構造を示していただき、参加者の皆さんにとっても冷静に考える契機になったと思います。

四　野生動物をめぐる論点

論点：野生動物による被害問題、野生動物の捕獲・殺処分方法、狩猟者の減少、捕食者と被食者の関係、生態系の変容、野生動物の利用、ノイヌ・ノネコ問題、環境省・農林水産省・自治体などの行政側の役割分担

打越　ここまでは人間の飼育下にいる動物たちをめぐる議論でしたが、議論が深まってきたところで、人間の管理下にいるわけではない野生動物について、各先生からのご感想を伺いたいと思います。私自身としては、三浦先生のご見識、特に野生動物と人間の関係についての歴史的な知識に圧倒されましたが、他の先生方も、いかが思われたかお聞かせ下さい。

笠井　「今の日本は、野生動物との戦争状態、反乱に敗れつつある」というお話に、正直にいえば「ええ？」と驚きました。私の認識のなかでは、野生動物というのは保護すべきものだと思っていました。豊かな自然環境の象徴である野生動物たちは、日本人の動物愛護精神の拠り所でもあり、保護するのが当然の「善」だと思っていたのです。そこにあのような話を伺って驚きました。しかも、野生動物をめぐるトラブルは、単に野生動物を保護しすぎたから生息数が増えたのが原因というのではなく、むしろ、日本の農業の現状、行く末が大きく関わっていると聞いて、非常に驚きました。どう

コメントすると明確にいえるわけではないのですが、とにかく驚きでした。

佐藤　私は、農業関係者による話をよく聞くので、三浦先生が野生動物問題について考えていらっしゃることと自分のイメージが同じだと思って安心しました。各地の野生動物問題は深刻で、作物を食べられてしまう、そして畑を電気牧柵で囲むことで生産が維持されている状態であり、野生動物は守るというよりも、攻められているのをどう防ぐかというイメージでした。

ところで、昔から人間と野生動物の戦いというのは続いていたと思うのですが、高度経済成長期以降、日本の政策は野生動物の保護に傾き、また農家自身も駆除する場面から離れてしまっていて、野生動物の殺処分が見えない状況になっていると思うのです。そこで気になるのは、野生動物の殺処分方法です。ウェルフェアの観点から殺処分方法の洗練が検討されているのかということです。罠だけの免許を持っている人が、どういう方法で野生動物を殺処分しているのか疑問に思っています。

橋川　私は、野生動物の反乱、人間のほうがシカに敗れつつあるというご指摘に驚きました。でも、思い返してみれば、名古屋市内でも時々ニホンザルが街中を通過していったりしますし、イノシシが走っていくこともあります。彼らが街中に出てくると、どうしたらいいかと動物園に電話が掛かってくるのです。それで、野生動物の反乱とは人間が迷惑するというレベルの認識でいたのですが、「敗れつつある」というのが気になります。敗れるとどうなるのでしょうか。良い対策はあるのか、心配なのでお聞きしたいと思います。

打越　笠井先生と橋川先生のご意見が重なりましたね。しかし、私は長野県に住んでいて、野生鳥獣対策の地域活動を展開してきましたし、また農家さんから野生動物被害が大変だと常日頃聞いているので、野生鳥獣との関係は緊張感があるものだと思っていました。このあたりは佐藤先生と同様です。なので、お二人の先生から「驚いた」というご意見が出たことに、むしろ驚きました。考えてみれば、笠井先生は仙台市、橋川先生は名古屋市でお仕事をしているわけで、つまり都会で暮らす人にとって、野生動物問題は本当に縁遠いことなのだなと実感した次第です。

というわけで、三浦先生、特定の種の野生動物が増えすぎてしまって、人間側の体制が野生動物に破れたらどうなるのでしょうか。また、佐藤先生からのご質問のあった、野生動物を有害駆除する場合の殺処分方法のウェルフェアについて、現場においてこれを考える傾向があるのか、この二点を質問したいと思います。

三浦　自分が提示した問題が、ブーメランのように戻ってきましたね（笑）。野生動物と人間の闘いは、きちんと手を打たない限りは、たぶん、なるようにしかならないだろうと思うのです。

そのなかでも危惧するのは、人間にとっての農業の行く末もそうなのですが、本来の生物相が崩れていることも気がかりです。例えば、外来種のアライグマと同じ環境のなかで人間が生活するというのは、日本人のアイデンティティにとって大丈夫なのかという問題があります。また、雷鳥が生息する三〇〇〇メートルの高さにまでサルが進出し、雷鳥の卵を取って食べてしまうなどということが、温暖化を背景にして起こりつつあるのです。日本の生物の多様性がなくなっていくということ、保全しても抗しきれないのではないかということを大変心配しています。

それから、駆除の方法ですが、問題になっている動物を、例えばシカとイノシシは個体数調整で駆除すればいいという単純な話ですませていいわけでは決してないと思います。このことに関連して悩ましいのは、熟練の狩猟者、ハンターがどんどんいなくなっているという状況です。行政は、農家などに罠免許を取るように勧めていますが、野生動物を駆除するには、最終的には捕獲した個体を殺す「止め刺し」（息の根を止めること）が必要ですよね。その止め刺しの方法を考えると、じつは、きちんと殺してやるということができていないという問題もあります。また、獲ったものについては利用できるものについては利用するべきで、ごみのように焼却処分や埋めるべきではないでしょう。

つまり、野生動物と人間のあるべき関係を考えたとき、昔ながらのハンターがいなくなるなかで、罠免許を持つ人を増やすだけでは代替できないことが多々あるのです。

三浦慎悟（野生動物）

ましてや、クマがイノシシの罠に掛かったなど、本来駆除すべき動物とは違う動物が檻に掛かってしまう錯誤捕獲が発生した場合に、その動物を麻酔銃で眠らせてから野外に再び放してやるなんて手間のかかることは、なかなかやってあげられないのが実情です。結果として、その場で撃ってしまって放置するという可能性も出てきます。捕獲された野生動物の殺処分については、頭の痛い問題です。

それにしても、自分の段になったら、皆さんからのご質問に対する答えが全然出てこないですね。申し訳ないです。

打越　野生動物の止め刺しのお話は、あらためて大切な課題であると思います。野生動物を捕獲して安楽死させようと思っても、麻酔薬を用いるには、法律上獣医師の対応が必要ですよね。即死させる技を持つ熟練のハンターがいなくなるなか、他方で、野生動物対策をしてくれる獣医師がいない地域では、現場ですぐに殺処分しようとすれば、捕獲した動物を撲殺する、水没させる以外に殺処分方法がないなんてところもあると思います。こうした残酷な状況を解決するためにも、野生動物をただ保護することを主張するだけでなく、殺処分せざるをえない野生動物に対して、苦しませずに命を絶つ技術やそれができる人材の育成が求められているのではないかと思います。これは、野生動物に限らないことで、畜産動物のと畜についても、実験動物の人道的エンドポイントにも関わることですが、「動物を殺す」という現実や技術から目を背けてはいけないと、あらためて感じました。

さて、ここでフロアからのご質問を紹介したいと思います。「シカが増えてきた背景に、ニホンオオカミが絶滅したという理由が挙げられるけれども、ならばオオカミを野に放って生態系を取り戻すという意見があることについてどう思いますか」という質問です。いかがでしょうか。

三浦　オオカミを野に放つという取り組みの問題は二つあります。生態系の構成要素を復元するという取り組みに対して、私は、それが同一種であれば復元すべきだと思います。ただし、オオカミの場合は、すでに日本産のオオカミが絶滅しているので、対象種が存在しないという問題があります。

もう一つの問題は、捕食者と被食者の関係は流動的で、互いに一定の個体数のまま安定系にはならないということです。ここが、大変に疑問が残る点なのです。アメリカのイエローストーン国立公園では、生態系を復元するということで、オオカミを実際に放していますが、イエローストーン国立公園というのは広大な面積を持つところです。その大きさを忘れて日本国内で放そうというのであれば、それは、よくよく慎重に考える必要があると思います。イエローストーンはほぼ広島県、青森県と同じ大きさで、さらにその外側には国立のバイソン保護区などがあり、ヘラジカやエルクの生息を許容していて、ほぼ無人地帯、人間の居住や人間の生産活動とオオカミが直接関係しないような構造になっています。人間の牧畜地帯はその外側にあります。それでも近年ではオオカミの個体数が増加し、この牧畜地帯に侵出するようになり、そこでは捕獲されるようになりました。

捕食の効果としては、実際にオオカミは毎年六〇〇〇頭くらいのエルクを獲っているようです。しかし、日本でも人間の力で、現在複数の県ではニホンジカを一万頭くらいは獲ることができています。数を比較すれば、ニホンジカの数を減らすのにオオカミを放獣することは不要ですよね。ただ、イエローストーンで観察されていることとして、オオカミがいることで、エルクの行動が変化することのほうが興味深いと思います。オオカミを入れると、シカたちは一ヵ所に落ち着いてあたりの草を徹底して食べてしまうのではなく、オオカミを恐れて草の食べ方が変わってくるので、特定の場所で特定の植物を食べ尽くすことはなくなるようです。ただし、エルクの個体数の調整の効果は必ずしも出ていないといわれています。

打越　生態学という学問分野の真骨頂ともいえるお話ですね。地域や国によって環境に関わる条件が異なり、また、動物の行動や生息数の変化など、現場で丁寧な調査を積み重ねていかないと簡単な結論を出してはならないわけで、そうした生態学ならではのメッセージと感じるお話でした。

ほかにもいくつかフロアからのご質問を紹介させていただきます。似たようなご指摘がいくつかありまして、「野生鳥獣による被害の拡大問題と、動物愛護思想の普及の兼ね合いが難しいが、そこを考える必要があると思う」とか、「ノイヌ・ノネコ問題をどうしたらいいのか。愛護動物と位置づけられる犬や猫だが、その生息状況次第では、ノイヌ・ノネコといわれる。こうした存在を、鳥獣保護管理法では、どう理解すればいいのか」というご質問です。先ほどのブーメランが返ってくるとのご指摘のとおり、悩ましいテーマですが、三浦先生、いかがでしょうか?

三浦　猫はペットであると同時に立派な野生動物の捕食者であるとの認識を私たちはきちんと持つべきだと思われます。時々徘徊する郊外のネコはおそらく森の中に入り、アカネズミやヒメネズミ、カヤネズミなどの在来野生ネズミ類を捕食していると考えられます。病原菌の媒介者となる可能性だってあります。小笠原諸島のアカガシラカラスバト、沖縄のヤンバルクイナなどへのノネコの影響は、生態系の保全という観点から冷静に考えるべきでしょう。奄美大島ではアマミノクロウサギを保全するために外来種マングースを一生懸命捕獲し、現在減少しつつありますが、それにかわってノネコが増加し、クロウサギの脅威になっています。私は、生態系に入り込んだものは、愛玩動物、ペットだからといって、特別扱いしないとの視点が重要ではないか、と考えます。

打越　飼い猫に対する情緒的な愛着を、あえて抑制する意識が大切だということですね。私もそのとおりだと思います。同じ動物種であっても、あえて理性をもって「仕切る」発想も必要だと感じました。ただ、「猫は立派な捕食者である」という三浦先生の言葉遣いのなかに、生態系の保全への毅然とした信念だけでなく、猫という動物に対するリスペクトの眼差しをも感じました。先ほど、同じ犬であっても、実験動物か愛玩動物か位置づけ次第で割り切らねばならないとはいえ、しかし配慮のある対応をするという話題がありました。人間側が飼い主としてできる限りのことをしたうえで、それでも生態系に入り込んだノネコを捕獲・処分しなければならない場合には、残酷な処分方法ではなく、苦痛の少ない方法を考えてほしいと思いました。

さて、フロアからの質問、もう一つご紹介させて下さい。法制度に踏み込む質問です。「環境省と農林水産省と自治体の担当部署の連携はうまくいっているのか、どのような役割分担、仕組みが望ましいだろうか」というご質問です。関係者の方でしょうか、行政組織間の連携や情報共有の難しさや、またそれがどれだけ必要なことであるか、ご教示いただけるでしょうか？

三浦　二つの役所が交わるのは農林業の被害問題でしょう。少し前には、農林水産省は被害者意識を持ち、きちんと管理しない環境省が悪いとの構図でしたが、私が思うに野生動物の被害問題の大枠は一次産業の縮小過程、撤退過程で発生している点にあるといえます。したがって基本的には、両役所ともに農林水産業を再興するという視点では共通認識を持つことができます。自治体の担当者は情報を共有し、連携して野生動物管理にあたることが必要でしょう。

打越　他の四つの動物はいずれも人間の飼育下にいるからこそ、人間側の判断で解決できることもありますが、野生動物は、人間がコントロールできないからこそ難しく、また、環境保全、生物多様性の保全をめぐるさまざまな価値観があるなかで悩ましいテーマであると思います。三浦先生ならではのお人柄の溢れるコメント、ありがとうございました。

五　動物園動物をめぐる論点

論点：動物愛護教育、動物福祉教育、生態展示と行動展示、日本動物園水族館協会（JAZA）加盟園館と非加盟園館の状況、絶滅危惧種の繁殖時の遺伝的考慮、動物園動物の飼育管理などに関わる倫理的審査、一般市民にとっての動物園

打越　パネルディスカッションもいよいよ終盤です。それでは、最後に動物園動物についてのコメントをいただきたいと思います。

その前に一言私からも付け加えたいことがあります。橋川先生は、ご講演の際に、ご自身の取り組みについてはお話になりませんでしたが、現在の東山動植物園が市民から信頼されるようになった立役者のお一人であられると、私はそう思っています。昨年（二〇一六年）一二月に、名古屋市の東山動植物園で鳥インフルエンザの感染問題が発生したとき、メディアが揶揄したり、市民が批判することはありませんでした。むしろ、動物園は大丈夫だろうかと誰もが温かい目で見守っていたわけです。

この周囲の応援の眼差しは、これまで動物園が精一杯の努力をしてきたことへの信頼の証であると思います。

というわけで、各先生からも順にご意見やご質問をいただいていきましょう。

笠井　プライベートで、東山動物園にも二回くらい行ったことがありますので、感慨深くお話を聞きました。ところで、動物園があらためてクローズアップされたのは、北海道の旭山動物園の行動展示が有名になってからだと思います。私は、北海道出身でして、帰省した際に二回ほど旭山動物園に行ってみたのですが、こんなに生き生きした動物の姿を見られるのかと驚いたのを覚えています。あの旭山動物園の工夫は、動物福祉、愛護の観点から非常に大きなインパクトを、国民全体に与えたのではないでしょうか。あのような生き生きとした動物、人間が管理しているなかでも生き生きとした展示ができるというのは、実験動物の世界でも参照できると考えています。動物のウェルフェアのあり方を考える教育の場としても位置づけられるのではないでしょうか。

佐藤　動物園の展示動物については、その野生動物が本来暮らす生息地に関わる環境教育だけでなく、愛護教育としての場として位置づけてもいいのではないでしょうか。というのも、私たちは、一般的に養鶏場に入ることはできないし、養豚場などは、専門家でも入れない条件のところが多いです。これは感染症対策、衛生管理上そうなっているのですが、つまり畜産動物は一般の人々が目にすることができない状況にあります。そういう産業動物のことも含めて、動物園には愛護教育の場になってもらえないだろうかと思っています。また、もう一点感じたことがありまして、日本人の多くは、やは娯楽という目的で動物園に行くことが多いと思うのですが、それをチャンスととらえて、動物福祉を考えながらのエンターテイメント性を追求できないだろうかと考えたりします。その場合は、野生種の動物を利用するよりも、産業動物やペットなど人間と共進化してきた動物を利用して、動物福祉や愛護の大切さを伝える教育が展開できないだろうかと思っています。動物園のあり方については、日本の独自の発展方向を考えてもよいのではないかと思いました。

遠山　今日のお話を聞いて、動物園の運営は本当に大変だと思いました。とにかくお金がかかりますので、どこまで市民に負担してもらえるのかという経営面の問題をクリアしないと、動物福祉の実践まで行かないのだろうと思いました。また、ＪＡＺＡ（日本動物園水族館協会）が内部で研修をしていると聞いていますが、ＪＡＺＡに加盟していない、小さな動物展示施設でも使えるマニュアルのようなものをつくっていただけるとありがたいと思いました。

打越　動物園というのは、そこで暮らす動物の種類も、また社会的な位置づけや役割についても、決して一本化できない場所であると思います。そうした多面性を意識したコメントであったと思いますが、私のほうで三点に整理してお聞きしたいと思います。

第一に、動物園で生き生きした姿を見せるのは、環境保全以外にも、愛護上の教育的価値があるのではないかというご意見です。これについて、いかが思われるでしょうか。

第二に、愛玩動物や産業動物を利用したエンターテイメント性も考慮した動物展示のあり方を模索できないだろうかというご意見です。動物園で、ウシやブタやニワトリを楽しく生き生きと展示する方法はないだろうかというのは、佐藤先生のアニマルウェルフェアへの強い想いあってこその構想ですよね。じつは、フロアからも、全国の動物愛護センターと動物園のコラボができないだろうかというご意見が届いています。ただし、これは遠山さんもご指摘になっていますが、そういうイベントをする人的な余力がないだろうかという心配も書き加えて下さっています。いずれにせよ、こうした動物を生き生きと展示することが可能かどうか、お聞きしたいと思います。

第三に、ＪＡＺＡに入っていないような小さな動物園、飼育状況が好ましくないような施設をどうやって底上げするのか、指導方法をどうしたらいいか。マニュアルをつくれないか、これは動物愛護団体の皆さんも同様に考えていると思います。というわけで、以上の三点について応答していただけますでしょうか。

橋川央（動物園動物）

橋川　動物たちの生き生きした姿を楽しむことができるという工夫は、たしかに、旭山動物園で一気に有名になったところだと思います。以後、他の動物園も真似したり、参考にしたりするようになりました。あのイメージで、動物園がクローズアップされたのは間違いありませんね。最初に仕掛けた旭山動物園の小菅元園長とお話ししたことがあるのですが、彼いわく、本当は、広いスペースがあったら生態展示をしたかった。でも土地が狭くて行動展示にせざるをえなかったということでした。

当時、動物園を運営している側からしたら、おそらく誰もが、生態展示、緑の中で広々とした飼育をしたほうがよいという気持ちがあったと思います。でも、旭山動物園の成功もあり、今は、行動学的に生き生き動けるほうがよいという議論も出てきました。いわゆるエンリッチメントの手法を用いて、知恵を絞って仕掛けを使って動物を見せることが通常になってきたのですね。もちろん、動物だって、一日中動かざるをえなくなれば、それは虐待になってしまいますので、休憩をとる時間もスペースも必要ですけれども。ただ、動物を動かすのはお客さんのためではなく、動物のためです。野生動物の通常の行動のほとんどは餌を探して食べるために費やされます。それが動物園ではすぐに餌が手に入ることで、時間が余ってしまい、退屈、異常行動の発現といったことが起こります。それを回避するためにエンリッチメントの手法で採食時間の延長が行われるようになってきました。こうした展示方法や飼育手法の改良がアニマルウェルフェアにつながっていきます。

次に、動物園でのエンターテイメント性についてですが、動物園では、むしろショーや演芸をしなくなっています。とはいえ、家畜を用いてショー的なことをやっている動物園もありますし、いずれもお客さんに人気があります。例えば、埼玉の動物園ではモルモットを展示していますが、一列に細い道を移動するのを見せるだけでも、お客さんが喜んでいるようです。犬や猫の場合ですと、猫カフェ的な猫の館、犬の館、一緒に遊べる場所などの施設も出始めているようです。ただ、やはり野生動物飼育が中心であり、馴致、調教の飼育管理が大変というのもあって、取り組みは少ない状況です。

一方で鳥の生態や習性を見せるバードショーは盛んに行われる傾向にあります。展示施設内では飛ぶ姿はあまり見られませんが、実際にお客さんの頭の上を飛ばすわけです。そこで種によって飛び方の違いを説明します。また、卵を割って食べる鳥では、嘴でくわえた石をぶつけて、模型の卵が割れると中からご褒美の餌が出てくるという仕掛けになっています。こうしたことは鳥本来の習性を発揮することなので、これは鳥にとって十分なウェルフェアにもなるわけです。

最後に、JAZAに加入していない動物園への対応ですが、JAZAの実情をお伝えしますと、会員になっている動物園・水族館への対応だけでいっぱいいっぱいなところがあります。ここのところ、動物園内での事故が続いていますし、安全管理のあり方について各園館からの情報を受けて対応するだけでも相当の作業になります。また、海外との連絡・情報共有の対応も必要です。例えば、外国から多数の観光客が日本に来るようになりましたが、そういう方々のなかには動物園が好きな人がいて、ところが、日本の動物園の展示を見ると、「この展示は可哀想だ」といきなり世界動物園水族館協会のWAZAに連絡されたり、SNSを通じてインターネット上に画像や映像が流されるのですね。さらに、その映像だけを見て、いきなり批判が集まることもあります。そうした批判が寄せられる場合は、各動物園の背景や事情などはまったく知らないのです。ですから、各園やJAZA事務局は対応に必死なのです。劣悪な施設の問題から逃げるつもりではないのですが、非会員にまではなかなか手が回らないのが実情です。

打越　なるほど、海外からの観光客への対応までしなければならないというのは、私はまったく意識していませんでした。日々のご苦労が伝わってきますね。でも、非加盟の動物園に、JAZAが対応できないからこそ、動物愛護管理法の縛りがあって、野生動物の専門家ではないとはいえ、自治体の動物愛護管理行政の担当者が関わっていることも大事なのかなと思いました。それが、劣悪な動物園や動物園の問題を放置しないための一つの生命線なのかもしれないと思いました。

さて、先ほど一つフロアからのご意見を紹介させていただきましたが、ここでもまた複数のご意見やご質問をお伝えしたいと思います。これは、実験動物に関わっている方からですが、少し専門的なご質問です。「動物園における繁殖については、単に個体が一定数存在すればいいわけでもなく、近親交配、血縁関係がないようにDNA検査をして、より遺伝的に遠い個体同士の交配など気をつけなくてはいけないのでは」とのことです。そのあたりは、それこそ全国の動物園でいろいろと協力しあっているところだと思いますので、橋川先生、ご返答をお願いいたします。

橋川　種を保存していくうえで近親交配のことは重要な問題です。そこで、種ごとに血統登録書をつくって、繁殖計画を立てます。各園単独だけでなくＪＡＺＡの加盟園の個体全部を登録して実施しています。それで近親交配を避けるペアリングを各園の協力で行っています。ただ、繁殖のもとになる個体であるファウンダー（飼育下で繁殖するために供する野生出身の個体のこと）があまりにも少ない種では、個体数を保持するために近親交配もやむをえないケースがあります。そのため、海外との交流のなかで、新しいファウンダーを導入することも必要なことです。

打越　これもまた、動物実験関係者からのご質問です。動物のエンリッチメントという観点から、動物園と動物実験施設の間では、共通する課題があるという象徴なんでしょうか。ご質問の内容は、

「動物園では先進的に環境エンリッチメントを進めていると思うが、さまざまな研究や繁殖を進める際に、その作業や研究を審査・評価する実験委員会、倫理委員会のようなものがあって研究を審査しているのでしょうか。そうした場面に一般の人々が関わっているのでしょうか」というご質問です。これは、私のほうから少し補わないと、質問の趣旨も面白さも伝わらないかなと思いますので、少し説明を追加させていただきますね。

まず、大学の動物実験の研究機関や製薬企業などでは、かつては動物実験に関する規制などなく、研究者の知的好奇心と予算、企業はコストと利潤に照らせば、研究ができる状況にありました。しかし、笠井先生のお話にもあったとおり、科学の世界においても、3Rの原則など実験動物の数を減らし、苦痛を軽減し、可能な限り動物福祉に配慮すべきことが求められるようになりました。また、情報公開や透明性が問われるなかで、各研究機関で動物実験などの研究をする際には、審査基準や審査委員会が設けられるようになり、そこに一般市民の目も入れるべきだという議論も出てきました。この質問者の方は、動物園で繁殖や研究が行われる際には、動物福祉への配慮を担保するような倫理的な審査などの仕組みがあるかどうかを知りたいのだと思います。

ただし、動物園の事情を知っている側から見ると、同じく「繁殖」「研究」といっても、大学や製薬企業の研究とは根本的に条件が異なります。そもそも動物実験のように一般市民から隠れた研究が行われているわけではなく、むしろ活動は広く市民に公開されています。どちらかというと一般市民に関心を持ってもらいたいのに、持ってもらえなかったことに過去の苦労があったわけです。また、自治体による公共施設ですから、予算の確保や公共政策としての正統性など、それを認めてもらうためには企業内とはまったく異なる苦労があると思います。

というわけで、私からの注釈が長くなってしまいましたが、橋川先生、動物園において新たな動物の繁殖や研究がなされる場合、動物福祉に配慮したり、新規事業に着手するための多様な関門、審査、議論というのは、どんな流れで、どこで行われるのか、動物園の内部と外部の両面にわたって、お話しいただけないでしょうか。

橋川　JAZA加盟園館は基本的にはJAZAの繁殖計画にのっとって繁殖に取り組んでいます。JAZAの組織では生物多様性委員会がそれを行っているので、そこが評価して、戦略を練り、繁殖計画を立てています。研究についてはやはりJAZAの研究会で発表して、内部での審査や評価を受けています。ただ、最近は大学と連携した研究も行われるようになり、一般市民向けのシンポジウムでの公表や、また各園で研究成果をお客さんに公開するといったことは増えています。

繁殖や研究については内部での審査や評価が中心ですが、リニューアル計画や事故調査といった件では外部委員を導入するようになってきました。

打越　橋川先生、ありがとうございました。最後に、フロアから寄せられた動物園に対する多数の応援の声をご紹介したいと思います。「何度も行っている」「自分にとっては大好きな場所である」「動物園は楽しいところだと思うので存続してほしい」「先生方の苦労と動物への愛情がよくわかった」「動物園を取り巻く状況が厳しいのは知っているが、子供の頃に感じた動物園での感動が今の自分をつくっていると思う」といった声です。橋川先生、最後に一言、いかがでしょうか？

橋川　動物園を肯定や応援していただくのは本当にありがたいことです。特に今回は動物に関心のある方が多いので、そうなのかもしれません。今まで動物園に対して種々の否定的な意見もいただきましたが、最近感じるのは動物園廃止論が少なくなった気がします。動物園自身の取り組みが変わってきたこともありますが、絶滅危惧種が増えるなかで、それなりに動物園の必要性が高まってきたのかなと思います。いずれにせよ、動物園に来た人たちがプラスの気分になるには、動物たちの元気な姿や表情があってこそです。そういった飼育展示をこれからも目指していくことが大事だと思います。

おわりに

打越　各先生からの示唆に富む質疑応答のおかげで、気がつけばあっという間に時間が過ぎていました。お聞きしたいことはほかにもいくつもありますが、すでに時間もオーバーしていますので、最後に一言ずつお言葉を頂戴して、このパネルディスカッションを締めくくっていきたいと思います。それでは、笠井先生から順にお願いいたします。

笠井　昨日の打越先生の著作を紹介するセミナーと、さらに今日のシンポジウムと続いて、「仕切られた動物観」とは、考えさせられるスローガンだと思いました。各先生のお話を伺い、さらにディスカッションをして、共通点があるとともに、乗り越えられないこともあると思ったのが正直なところです。とはいえ、まずは、それぞれの分野で頑張って問題を解決していくべきと思いました。そういう勇気をいただいたように思います。

遠山　自治体の職員としてこのようなシンポジウムに参加させていただき、とても光栄です。私の講演のなかでも、身近な動物についてわからないこと、困ったことがあったら、まず、専門家に相談してくださいと伝えましたが、そのことを最後にあらためて強調したいと思います。ほんのちょっとしたボタンの掛け違いで、飼い主も動物も不幸になっていることがあります。少しの知識で解決できることも多いですので、ぜひ専門家を活用してほしいです。

三浦　現代日本の社会では、猫カフェというのが流行っていて、さらに何だかよくわからないけれども、最近ではふくろうカフェやら猛禽類カフェというのがあるとのこと。私には理解できないのですが、個人の充足をことさら煽り、商売にするのはいかがかと思います。問題なのは、これらの鳥をどこから持ち込んできたのかです。正確なことはわかりませんが、外来種であったり、希少種でないとしても鳥獣保護管理法では飼ってはいけない種であったりすると思います。一羽連れてくるために一〇羽くらい命を落としている可能性もあります。それなのに、そういう動物を見て「癒される」という発言が出てくるのは、この国はどうなのだろうと非常に心配です。

もう一つ、指摘しておきたいことがあります。今回は、動物の問題を五つの分野に分けておられるけれども、大きな分野を忘れているのではないでしょうか。それは、資源としての動物たちです。私たちは海に囲まれた島国に住み、普段から魚をよく食べています。マグロ好きで、どんどんマグロを獲り、消費しています。しかし、可能な限り獲るという現在の資源管理のあり方ではたしていいのでしょうか。その他の魚種も含め、乱獲を回避するためにも、国策として資源管理を展開していく必要があると思います。資源管理の視点から、商業捕鯨の問題をどうするのかという議論も大切ですね。そこには科学的な資源管理のあり方、クジラの生物学的属性や知的能力論など論点満載ですが、私たちが今後扱っていかねばならない動物問題として大きな課題だと思っています。

橋川　市役所のなかでも、動物愛護管理行政の担当者や畜産動物の担当者と議論することがあります。とはいえ、こんなに深く、それぞれの分野のことを聞き、話をさせてもらうことはありませんでした。とても新鮮な体験でした。

佐藤　フロアの皆さんも含めて、お疲れ様でした。長時間の議論で、頭がパンクしそうですが、いろんな分野の人が一堂に会して話をしたというのは日本ではじめてのことだと思いますから、非常に画期的なことで勉強になりました。そのなかで、私が感じたのは、どの分野でも「殺される動物」がいるのだなということでした。動物愛護管理法関係では、殺処分ゼロのスローガンが目立っていますが、じつは、どの分野でも回避できない殺処分はあります。それも含めて、愛護とは何なのか突き詰めて考えていきたいですし、皆さんにも考えていただきたいと思います。

自分の書いた本である『アニマルウェルフェア』のなかで、私は、動物の福祉を考えるのは自分の生き方を考えることだと書いています。私自身も、アニマルウェルフェアのことを考えるようになって、女房から「だんだん良い人になってきた」と言われています。皆さんも、動物との付き合い方を突き詰めて考え、豊かな人生につなげていっていただきたいと思っています。

打越綾子

打越　各先生の含蓄に富んだお言葉、本当にありがとうございました。最後の総括として、本日の議論を振り返って考察するためのキーワードを整理して、三つの論点を挙げたいと思います。

一つ目の論点は、歴史的考察の重要性です。野生動物の乱獲という恥ずべき歴史、動物園が歴史的に翻弄されてきた経緯、動物実験における再現性向上の努力など、どの位置づけの動物であっても、人間の文明の歴史を振り返らねばならないということが指摘されていたように思います。私自身、自分の勉強の底の浅さを実感して反省しましたし、あらためてそれぞれの分野の歴史を学ばねばならないと強く感じられる一日となりました。

二つ目の論点は、「多様性」という価値をどう位置づけるかという問題です。生物多様性というだけでなく、いろいろな関係者の様相があるんですね。実験動物はその科学的厳密性から、むしろ遺伝的な統一性が求められるし、畜産の分野でも、病気に強く飼料効率の高い種に特化して繁殖するほうが、食糧確保という観点からも、経済的な利益という観点からも無駄がないわけです。しかし、あえてそれに抗って、各国・各地域の在来の家畜種の育成など、多様性に価値を見いだす発想も必要であるという議論が出てきました。「多様性」とは何であるのか、今後議論するときに丁寧に考察していきたいと思います。

三つ目の論点は、課題を解決するのは、最後は私たち、一般市民の当事者意識であるという点です。ペットショップの愛玩動物にしても、畜産物・酪農製品にしても、自然環境や動物資源に配慮した商品にしても、結局のところ、動物と人との関係を選ぶのは消費者、一般市民なんですね。つまり、一般市民が当事者意識を持っていなければ、人と動物の関係をめぐる多様な課題は解決できない、そのことが実感されました。そして、一般市民に当事者意識を持ってもらうためにも、地道な普及啓発・情報発信が必要であるとのことでした。これは、すべての分野において共通の課題であったと思います。

今日のシンポジウムを振り返れば、それぞれの動物の位置づけと人間の社会経済には多様な問題があるのであって、つまり統一化して議論するのが可能であるとは限らないですし、それが動物にとって良いこととも限らないと思っています。とはいえ、自分たちの分野では当たり前だと思っていたことが、「仕切り」を超えると、じつは当たり前ではないと実感されたこと、これは貴重な機会であったと思います。今後とも、人と動物の関係を議論する場をつくることで、人間にとっても動物にとっても少しでも良い社会をつくることに貢献していきたいと思います。五人の先生方、そしてフロアの皆様方、長時間にわたり、本当にありがとうございました。

謝辞

人と動物の関係を考える、そして仕切りを超えて思考と情報をつなぐ。講演録たる本書の目的は、まさにシンポジウムのタイトルのとおりである。パネルディスカッションの最後にキーワードを三点挙げたが、もちろん話題は三点のみに尽きるはずもない。きっと読者の皆様には、仕切りを超えた共通の論点がいくつも浮かんだのではないだろうか。動物に対する多面的な知識は、動物の立場を改善する即効薬にはならないかもしれないが、動物をめぐるさまざまな課題を解決する基盤になると考えている。

そこで、本書を締めくくるにあたり、シンポジウム開催の経緯と、その過程でお世話になった方々への謝意を記しておきたい。

シンポジウムの開催は、本書の編者である私が二年前に『日本の動物政策』を出版したことが契機となっている。自分としては全身全霊で書き上げたつもりであったが、友人・知人から「表紙は可愛いが、内容が難しい」という感想が寄せられていた。また、過分なお言葉を頂戴したこともあったが、どうやらご自分に関係する章だけをお読みになったうえでのお言葉であることも多かった。愛玩動物、野生動物、動物園動物、実験動物、畜産動物、それぞれにさまざまな課題や取り組みがあり、それらをバランス良く見渡したうえで人と動物の関係を議論したいと考えていた私にとっては、なんとも切ないことであった。

とはいえ、単著を出版しただけで自分の意見が広く伝わるはずもない。そこで、各分野の専門家の先生をお招きしたシンポジウムを開催して、「仕切りを超えて人と動物の関係を考える」場をつくってみたいと考えるようになった。また、せっかくの機会であるからには、拙著について自分の言葉でわかりやすく解説する時間を設けたいとも考えた。そこで、前座として拙著のセミナーを開き、翌日に午前・午後を通して五人の先生にご知見を語っていただくという二日間にわたるシンポジウムを開催することとなったのである。

この企画を無事に開催できたのは、まずもって五人の講演者の先生のご協力のおかげである。周知のとおり、笠井先生、三浦先生、佐藤先生は、それぞれの学会の重鎮である。また、橋川先生と遠山先生は、動物園および自治体の動物愛護管理行政の関係者から一目置かれる実務経験者である。大変にお忙しい五人のご予定が、二〇一七年三月一二日に揃ったこと自体が幸運であり、講演の準備から原稿の執筆まで多大なるご協力をいただいた。本書は、長年の経験に基づく深い洞察とともに、最新の情報や挑戦的な見解も披露する素晴しい作品に仕上がったと思う。大変にありがたいことであった。

そして、豪華な顔ぶれのシンポジウムを円滑に開催できた背景には、多方面にわたる関係者のお力添えがあった。そのことを記しておきたい。

まず、共催団体として名前を連ね、各方面に告知してくださった動物福祉研究会、科学研究費グループ「動物実験の社会的理解を得るための情報発信のあり方についての研究」斑、そして「野生生物と社会」学会行政部会の三つの団体の関係者に御礼申し上げる。また、全国動物管理関係事業所協議会（保健所や動物愛護センターの協議組織）や日本動物園水族館協会、実験動物学会の関係者が、全国に散らばる会員にシンポジウムの開催を広く告知してくださったことにも御礼申し上げる。

二日間の企画に参加してくださった方は、合計すると約三五〇人である。参加してくださった方々、参加できなかったものの激励のメッセージを寄せてくださった方々に感謝申し上げる。

また、シンポジウムの休憩時間に開催したミニ交流会においては、各界の研究者・実務家の方々にサポート対応をお願いした。あらためて御礼申し上げる。

そして、準備段階から終了後の片付け、当日の写真撮影や音響調整、さらには総合司会まで全幅の信頼を寄せて託すことができた学生・院生ボランティアの皆さんに、心からの謝意を表したい。帝京科学大学大学院の三井香奈さん、高鍋沙代さん、一橋大学大学院の本庄萌さん、吉田聡宗くん、上智大学大学院の箕輪さくらさん、そして成城大学の土屋大くん、竹信慎一郎くん、西川雄貴くん、鴇矢雅治くん、宮木彩乃さん、高山冴瑛さん、藤嶋かほりさん、計一二人の懸命な対応があってこそ、二日間にわたるイベントが円滑に執り行われたと感謝している。

その後、本の出版・編集に当たっては、ナカニシヤ出版の酒井敏行氏に、格別のお力添えをいただいた。拙著の編集者でもあった彼は、シンポジウム終了後すぐに講演録の出版を提案してくださった。貴重な機会を与えていただき、また編集段階で丁寧な対応をしていただき、大変にお世話になった。

また、環境省動物愛護管理室長の則久雅司氏には、本書の原稿を適宜お読みいただき、法令に関する詳細なチェックをして頂いた。講演録ならではの曖昧な表現を緻密に整理できたのは氏のおかげである。記して御礼申し上げたい。

そして、表紙デザインは、一般社団法人ＭＩＴの吉野由起子さんにお世話になった。拙著の表紙作成の際にもお世話になったが、今回も執筆者それぞれがリクエストした五種類の動物を温かく描いてくださった。動物への愛情あふれるデザインを、多くの方に味わっていただきたいと思う。

なお、シンポジウムや出版打ち合わせの研究会は、成城大学特別研究助成金を用いて開催した。さらに本書は、成城大学における科学研究費助成事業等間接経費による研究支援プロジェクトによる出版助成を受けて出版されている。研究活動や社会活動を積極的に支援してくれる成城大学の姿勢を、ここであらためて言及しておきたい。

それにしても、動物に関わる改革論議は、動物愛護管理法の改正や、東京五輪に向けたアニマル・ウェルフェア論議など、各方面でスピードを上げて展開されている。個人的には四〇代半ばで白髪が急増しているのが気がかりであるが、今後とも、動物への配慮のある社会を構築するために知力を尽くしていきたいと思う。それは、共著者全員の想いであり、本書を手に取って下さった皆様の想いでもあると信じている。

二〇一八年二月

著者六人を代表して

打越綾子

打越綾子（うちこし・あやこ）　成城大学法学部教授（行政学、地方自治論）

一九七一年、東京生まれ。一九九四年、東京大学法学部卒業。二〇〇二年、東京大学大学院法学政治学研究科博士号取得。成城大学法学部専任講師等を経て現職。環境省中央環境審議会動物愛護部会臨時委員、長野県環境審議会委員など、動物や自然に関わる会議や地域活動に参加。主な著書に『自治体における企画と調整』（日本評論社）、『日本の動物政策』（ナカニシヤ出版）。

笠井憲雪（かさい・のりゆき）　東北大学名誉教授・客員教授（実験動物学）

一九四七年、北海道生まれ。一九七〇年、北海道大学獣医学部卒業。一九七二年、北海道大学大学院修士課程修了。北海道大学助教授、東北大学教授（医学系研究科附属動物実験施設長）、東北大学動物実験センター長等を経て現職。主な著書に『現代実験動物学』（共編著、朝倉書店）、Russell and Burch『人道的な実験技術の原理』（翻訳、アドスリー）。

佐藤衆介（さとう・しゅうすけ）　東北大学名誉教授、元応用動物行動学会会長、帝京科学大学生命環境学部教授（応用動物行動学、動物福祉学）

一九四九年、宮城県生まれ。一九七三年、東北大学農学部畜産学科卒業。一九七八年、東北大学大学院農学研究科博士課程修了。宮崎大学農学部助手・助教授、東北大学農学部助教授・教授等を経て現職。主な著書に、『アニマルウェルフェア』（東京大学出版会）、『動物行動図説』（共編著、朝倉書店）、『動物福祉の科学』（共編訳、緑書房）。

遠山　潤（とおやま・じゅん）　新潟県生活衛生課動物愛護・衛生係長

一九六三年、新潟県生まれ。一九八八年、帯広畜産大学大学院畜産学研究科修了。獣医師。新潟県に入庁後、保健所、動物保護管理センター、動物愛護センター等での勤務を経て現職。新潟県中越大震災では県庁の担当者として被災動物支援活動に従事。動物保護管理センター、動物愛護センターでは犬猫の譲渡事業に力を入れ殺処分削減に取り組んだ。

三浦慎悟（みうら・しんご）　早稲田大学人間科学学術院教授（動物行動学、野生動物保全管理学）

一九四八年、東京都生まれ。一九七三年、東京農工大学大学院農学研究科修了。理学博士（京都大学）。兵庫医科大学医学部、農林水産省森林総合研究所、新潟大学農学部教授等を経て現職。日本哺乳類学会元会長。環境保全功労者表彰。主な著書に『哺乳類の生態学』（共著、東京大学出版会）、『ワイルドライフ・マネジメント入門』（岩波書店）。

橋川　央（はしかわ・ひさし）　（公財）東山公園協会教育普及部長（動物会館長）

一九五四年、三重県生まれ。一九七九年岐阜大学大学院修士課程修了。獣医師。名古屋市役所に勤務、財政局で名古屋競馬開催業務に従事した後、一九八二年に東山動物園で獣医師として主に診療業務を行う。その後、農業センターで五年間名古屋コーチンの生産などにかかわる。一九九六年、再び動物園に戻り、二〇一一年に動物園長。二〇一六年に退職後、現職。

人と動物の関係を考える
仕切られた動物観を超えて

2018年 3 月15日　初版第 1 刷発行
2021年 7 月 1 日　初版第 2 刷発行
（定価はカバーに表示してあります）

編　者　打越綾子
発行者　中西　良
発行所　株式会社ナカニシヤ出版
〒606-8161　京都市左京区一乗寺木ノ本町15番地
TEL　075-723-0111　　FAX　075-723-0095
http://www.nakanishiya.co.jp/

装幀＝白沢　正
カバーイラスト＝吉野由起子
印刷・製本＝亜細亜印刷
© A. Uchikoshi et al. 2018
＊落丁本・乱丁本はお取り替え致します。
Printed in Japan.　ISBN978-4-7795-1257-5　C0030

本書のコピー、スキャン、デジタル化等の無断複製は著作権法上での例外を除き禁じられています。本書を代行業者等の第三者に依頼してスキャンやデジタル化することはたとえ個人や家庭内での利用であっても著作権法上認められておりません。

日本の動物政策

打越綾子

愛玩動物から野生動物、動物園動物、実験動物、畜産動物まで、日本の動物政策、動物行政の現状および今後の展望をトータルに解説する決定版。動物好きの人、動物関係の仕事についている人必携の一冊。

三五〇〇円＋税

地元を生きる

沖縄的共同性の社会学

岸政彦・打越正行・上原健太郎・上間陽子

沖縄にとって「地元」とは何か。階層格差という現実のなかで生きられる沖縄的共同性――。膨大なフィールドワークから浮かび上がる、教員、公務員、飲食業、建築労働者、風俗嬢……、さまざまな人びとの「沖縄の人生」。

三二〇〇円＋税

診療所の窓辺から

いのちを抱きしめる、四万十川のほとりにて

小笠原望

四万十川に架かる、橋のたもとの診療所。移り変わる四季と、ドラマだらけの臨床に身を置いたひとりの医師が辿りついた境地――。「ひとのいのちも自然のなかのもの」。現在を生きるひとに贈る「いのち」のエッセイ。

一五〇〇円＋税

モダン京都

〈遊楽〉の空間文化誌

加藤政洋

漱石や虚子、谷崎らが訪れた〈宿〉、席貸や鴨川畔の風景、花街や盛り場の景観の変遷……。文学作品や地図、絵葉書、写真などの資料をもとに、モダン京都における失われた〈遊楽〉の風景を再構成する。

二二〇〇円＋税